Leitfaden

der

Interpolation

Von

Dr. Lothar Schrutka

ord. Professor der Mathematik
an der Technischen Hochschule in Wien

Zweite Auflage

Nachdruck der ersten Auflage mit Nachträgen

Springer-Verlag Wien GmbH
1945

ISBN 978-3-662-35640-1   ISBN 978-3-662-36470-3 (eBook)
DOI 10.1007/978-3-662-36470-3

Meinem Sohn

Guntram

gewidmet

Vorwort zur ersten Auflage.

doch vergiß es nicht: die Träume,
sie erschaffen nicht die Wünsche,
die vorhandnen wecken sie;
und was jetzt verscheucht der Morgen,
lag als Keim in dir verborgen.

(FR. GRILLPARZER,
Der Traum, ein Leben. IV. Aufz.)

Wie sich dem seherischen Auge des Dichters die Entwicklung eines Charakters über eine Zwischenzeit hinweg offenbart, so macht die Interpolation es dem Rechner möglich, eine Abhängigkeit auch dort zu verfolgen, wo die unmittelbaren Angaben fehlen. Wer die Überzeugung von der inneren Wesensverwandtheit von Kunst und Wissenschaft hat, der wird eines solchen Gleichlaufs nicht ohne Bewegung inne werden.

Ich habe mir in diesem kleinen Buch die Aufgabe gestellt, die einfachsten Rechenweisen der Interpolation so darzustellen, daß der Mathematiker, aber auch der Techniker und der Naturwissenschaftler, kurz alle, die mit Funktionen oder Abhängigkeiten und insbesondere mit deren Darstellung in Tafeln zu tun haben, das Handwerksmäßige daran in bequemer Weise lernen können. Sehr erleichtert wird dies durch die beherrschende Stellung, die der Steigungsspiegel einnimmt (auf die schon T. N. THIELE hingewiesen hat). Es dürfte nicht oft in der Mathematik vorkommen, daß man Rechnungen, die über das ganz elementare hinausreichen, mit bloßen Ziffern zu bewältigen vermag.

An Kenntnissen habe ich nur ganz wenig vorausgesetzt; einzelne Abschnitte, die hierin etwas höher gehen, und andre weiter reichende Ausführungen sind durch kleineren Druck kenntlich gemacht. Für die erste Bekanntschaft mit dem Stoff mag man sich daher auf das groß gedruckte beschränken. Wer über das hier vorgebrachte hinaus Belehrung wünscht, findet in dem Abschnitt Schrifttum eine größere Reihe von Werken angeführt.

Die Art meiner früheren Lehrbücher, kleine scharf umrissene Nummern, die zu weniger scharf abgegrenzten Paragraphen zusammengefaßt sind, habe ich auch diesmal beibehalten. Was an Systematik fehlt, soll durch den ausführlichen Sach- und Namenweiser und durch zahlreiche Verweisungen ersetzt werden. Alle Verweisungen geschehen nach den Nummern: diese sind daher auch an der Stelle, die sonst den Seitenzahlen vorbehalten sind, eingesetzt.

— V —

Vorwort.

Herr Dr. Ludwig Holzer, dessen Assistentenzeit an meiner Lehrkanzel an der deutschen technischen Hochschule in Brünn 1921—1924 ich in erfreulichster Erinnerung habe, und der eben jetzt im Begriff ist, selbst eine Lehrkanzel zu übernehmen, hat die Freundlichkeit gehabt, die ganze Handschrift des Buches durchzusehen und durchzurechnen, wofür ich ihm herzlich danke. Meiner jetzigen Assistentin, Frl. Anna Klingst, habe ich für ihre Unterstützung bei der Durchsicht der Verbesserungen zu danken. Schließlich bin ich dem Springer-Verlag in Wien für seine Bemühungen um die Herausgabe des Buches und sein bereitwilliges Eingehen auf allerlei Sonderwünsche zu bestem Dank verpflichtet.

Wien, 5. November 1941.

Dr. Lothar Schrutka.

Vorwort zur zweiten Auflage.

Da die erste Auflage meines Buches nunmehr vergriffen ist, hat sich der Springer-Verlag in Wien in dankenswerter Weise bereit gefunden, eine zweite zu veranstalten. Den Zeitumständen entsprechend erscheint hiemit ein Abklatsch der ersten Auflage, wobei ich aber wenigstens die wichtigsten Ergänzungen in Gestalt von Nachträgen, auf die im Hauptteil mit N_1, N_2 usw. verwiesen ist, und die am Schluß zusammengestellt sind, einfügen konnte. Einige andere Ergänzungen und Änderungen, die aber nicht zahlreich sind, muß ich auf eine günstigere Zeit verschieben.

Wien, 29. November 1944.

Dr. Lothar Schrutka.

Inhaltsverzeichnis.

Seite

Vorwort V

Inhaltsverzeichnis VII

    1. Einleitung 1

§ 1. **Steigungen** . . . . 2—11

    2. Begriff der Steigungen.

    3. Beispiele zu den Steigungen.

    4. Der Steigungsspiegel.

    5. Eigenschaften der Steigungen.

    6. Unabhängige Darstellung der Steigungen.

    7. Symmetrie der Steigungen.

    8. Darstellung der Steigungen mit Determinanten.

    9. Die NEWTONsche Interpolationsformel.

    10. Abschätzung der Steigungen.

    11. Die NEWTONsche Interpolationsformel mit Restglied.

§ 2. **Steigungen mit gleichen Argumenten** . . . . 11—13

    12. Erklärung von Steigungen mit gleichen Argumenten als Grenzwerte.

    13. Berechnung von Steigungen mit lauter gleichen Argumenten.

    14. Allgemeiner Fall.

    15. Zusammenhang der NEWTONschen Interpolationsformel mit der TAYLORschen Entwicklung.

§ 3. **Interpolation von Polynomen.** . . . . 13—29

    16. Die Steigungen eines Polynoms.

    17. Die NEWTONsche Interpolationsformel für Polynome.

    18. Interpolation eines Polynoms nach dem Steigungsspiegel.

    19. Zahlenmäßige Rechnung beim Interpolieren.

    20. Zusammenhang zwischen den beiden Rechnungsverfahren.

    21. Umordnung der Argumente.

    22. Berechnung von Steigungen mit gleichen Argumenten bei Polynomen.

    23. Darstellung der Koeffizienten eines Polynoms als Steigungen.

    24. Das HORNERische Divisionsverfahren.

    25. Neues Rechenverfahren für die Interpolationsaufgabe.

    26. Der Satz von VIETA.

    27. Die LAGRANGEsche Interpolationsformel.

    28. Interpolation von Polynomen durch Ansatz.

    29. Lösung der Interpolationsaufgabe mit Determinanten.

    30. Graphische Durchführung nach BEHMANN.

§ 4. **Die parabolische Interpolation als Näherungsverfahren** . . . . 29—33

    31. Die parabolische Interpolation beliebiger Funktionen.

    32. Lineare Interpolation.

    33. Hilfsmittel zur linearen Interpolation.

    34. Genauigkeit der linearen Interpolation bei fünfstelligen Logarithmentafeln

Inhaltsverzeichnis.

Seite

35. Höhere Interpolation.
36. Fragen der Genauigkeit.
37. Bestimmung eines Extrems aus drei Beobachtungen.

§ 5. Die parabolische Quadratur . . . . 34—51
38. Anwendung der Interpolation auf die angenäherte Quadratur.
39. Parabolische Quadratur.
40. Fehler der parabolischen Quadratur.
41. Unterteilung des Integrationsspielraums.
42. Vorgang bei der Aufstellung der verschiedenen Quadraturformeln.
43. Die Rechtecksformeln.
44. Die Sehnentrapezformel.
45. Die Tangententrapezformel.
46. Parabolische Quadratur auf Grund quadratischer Interpolation.
47. Die Simpsonsche Formel.
48. Die Simpsonsche Formel mit Unterteilung des Spielraums.
49. Das allgemeine Verfahren von Cotes.
50. Das Gaussische Quadraturverfahren.

§ 6. Interpolation bei gleichabständigen Argumenten . . . . 51—68
51. Der Fall gleichabständiger Argumente.
52. Differenzen.
53. Der Differenzenspiegel.
54. Das Symbol $\varDelta$.
55. Anwendung des Symbols $\varDelta$ im Differenzenspiegel.
56. Eigenschaften des Symbols $\varDelta$.
57. Differenzenformeln.
58. Höhere Differenzen eines Polynoms.
59. Arithmetische Reihen höherer Ordnung.
60. Aufstellung von Tabellen für Polynome.
61. Anwendung der Rechenmaschine.
62. Aufsuchung von Fehlern in Tafeln.
63. Ausfüllung von Lücken.
64. Die Newtonsche Interpolationsformel bei gleichabständigen Argumenten.
65. Weiterführung der Argumentfolge.
66. Symbolische Darstellung.
67. Rechnung mit korrigierten Differenzen.
68. Umgekehrte Interpolation.
69. Iterationsverfahren zur umgekehrten Interpolation.
70. Tafeln für höhere Interpolation.

§ 7. Wechsel der Spanne. Untertafelung . . . . 69—76
71. Übergang von einer Spanne zu einer andern.
72. Übergang zu einem Vielfachen der Spanne.
73. Formeln für die Untertafelung.
74. Formeln für die Zweiteilung.
75. Formeln für die Dreiteilung.
76. Formeln für die Fünfteilung.
77. Formeln für die Zehnteilung.
78. Beispiel.

Schrifttum . . . . 77—78

Sach- und Namenweiser . . . . 78—80

Nachträge . . . . 81—83

1. Einleitung. Die Aufgabe der Interpolation oder Interpolationsrechnung ist es, für Funktionen, deren Ausdruck nicht bekannt oder zu verwickelt ist, Näherungswerte durch einfache Rechenverfahren zu gewinnen, sei es, daß man einen allgemeinen Näherungsausdruck oder nur einzelne Werte bestimmt. Das Wort Interpolation findet sich zuerst 1655 bei J. Wallis. Unter Interpolation im engern Sinne versteht man die Herstellung eines Ausdrucks bestimmter Gestalt aus den notwendigen Angaben, unter Interpolation im weitern Sinne die Aufsuchung der Näherungswerte.

Grundsätzlich sind Ausdrücke jeder Gestalt für diesen Zweck brauchbar; tatsächlich sind aber nur wenige Gestalten angewendet worden, in erster Linie Polynome (ganze rationale Funktionen), gebrochene Funktionen, Winkelfunktionen bei den Fourierschen Entwicklungen und Exponentialfunktionen. Von diesen Möglichkeiten ist die erste nicht nur die älteste (J. Newton 1687, J. L. Lagrange 1795), sondern auch die vorteilhafteste und meist angewendete; sie soll in diesem Leitfaden allein behandelt werden. Sie führt den Namen parabolische Interpolation.

Der Plan des Buches ist der folgende: In § 1 werden gewisse, beim Aufbau der Interpolation verwendete Ausdrücke, die Steigungen, erklärt; in § 2 folgt eine Erweiterung dieses Begriffs. § 3 enthält die parabolische Interpolation im engern Sinne (Herstellung des Polynoms aus gewissen Angaben), § 4 die parabolische Interpolation im weitern Sinne (Anwendung auf die Annäherung). In § 5 folgt die für das praktische Rechnen wichtige Anwendung der parabolischen Interpolation auf die Berechnung bestimmter Integrale (parabolische Quadratur). In § 6 wird dann der besondere Fall der gleichabständigen Argumente, der beim Rechnen besonders häufig auftritt und wesentliche Vereinfachungen ermöglicht, ausführlicher behandelt; er führt auf die sog. Differenzenrechnung, die auf Br. Taylor (1715) zurückgeht, in älterer Zeit neben der Differentialrechnung entwickelt wurde, dann stark zurücktrat, aber in den letzten Jahrzehnten wieder die Aufmerksamkeit der Mathematiker auf sich gelenkt hat. Schließlich bringt § 7 eine Aufgabe der Differenzenrechnung, die für die Herstellung von Zahlentafeln besondere Bedeutung hat.

§ 1. Steigungen.

2. Begriff der Steigungen. Es seien $f(x)$ irgend eine Funktion von x und x_1, x_2, $\ldots$, x_n beliebige verschiedene Werte. Die Funktion der beiden Argumente x_1, x_2

$$\frac{f(x_1) - f(x_2)}{x_1 - x_2}$$

heißt die Steigung, genauer erste Steigung oder Steigung erster Ordnung und wird mit

$$f(x_1, x_2)$$

bezeichnet. In ähnlicher Weise heißt

$$\frac{f(x_1, x_2) - f(x_2, x_3)}{x_1 - x_3} = f(x_1, x_2, x_3)$$

zweite Steigung oder Steigung zweiter Ordnung,

$$\frac{f(x_1, x_2, x_3) - f(x_2, x_3, x_4)}{x_1 - x_4} = f(x_1, x_2, x_3, x_4)$$

dritte Steigung oder Steigung dritter Ordnung usw., allgemein

$$\frac{f(x_1, x_2, x_3, \ldots, x_n) - f(x_2, x_3, \ldots, x_n, x_{n+1})}{x_1 - x_{n+1}} = f(x_1, x_2, \ldots, x_n, x_{n+1})$$

n-te Steigung oder Steigung n-ter Ordnung.

Jede Steigung höherer Ordnung wird also gebildet, indem die Differenz der Steigungen der vorhergehenden Ordnung, bei denen einmal das erste, einmal das letzte Argument fehlt, gebildet und durch die Differenz der nicht gemeinsamen Argumente dividiert wird.

Andere Namen für Steigung sind (AMPÈREsche) interpolierende Funktionen, dividierte Differenzen, (NEWTONsche) Differenzenquotienten, EULERische Ausdrücke, der erste Name hebt besonders die Abhängigkeit von den Argumentwerten, die beiden folgenden besonders die Bildungsweise hervor. Der von N. E. NÖRLUND eingeführte Name Steigungen, der sich durch seine Kürze empfiehlt, hat sich in der letzten Zeit so ziemlich durchgesetzt. Er knüpft an die geometrische Bedeutung der ersten Steigung $f(x_1, x_2) = \dfrac{f(x_1) - f(x_2)}{x_1 - x_2}$ als Richtungskoeffizient, Richtungskonstante der Geraden durch die beiden Punkte $(x_1, f(x_1))$ und $(x_2, f(x_2))$ an.

Die wiederholte Verwendung des Funktionsbuchstabens f läßt keine Verwechslung zu, da die Anzahl der Argumente die Ordnung der Steigung bestimmt. Man beachte, daß die Anzahl der Argumente stets um 1 größer ist als die Ordnung.

Eine häufig vorkommende Bezeichnung für die Steigungen ist $[x_1 x_2]$, $[x_1 x_2 x_3]$, $\ldots$, $[x_1 x_2 \ldots x_n x_{n+1}]$, $\ldots$; sie hat allerdings den Mangel, daß sie keinen Hinweis auf die Funktion f enthält.

3. Beispiele zu den Steigungen. Einige besondere Fälle mögen mit dem Begriff der Steigungen vertraut machen: I. Ist $f(x) = x^2$, so ist

$$f(x, y) = \frac{x^2 - y^2}{x - y} = x + y, \quad f(x, y, z) = \frac{\overline{x + y} - \overline{y + z}}{x - z} = 1, \quad f(x, y, z, u) = \frac{1 - 1}{x - u} = 0,$$

ebenso sind alle höheren Steigungen Null.

II. Ist $f(x) = x^3$, so ist

$$f(x, y) = \frac{x^3 - y^3}{x - y} = x^2 + xy + y^2, \quad f(x, y, z) = \frac{\overline{x^2 + xy + y^2} - \overline{y^2 + yz + z^2}}{x - z} =$$

$$= \frac{x^2 - z^2 + xy - yz}{x - z} = x + y + z,$$

$$f(x, y, z, u) = \frac{\overline{x + y + z} - \overline{y + z + u}}{x - u} = 1, \quad f(x, y, z, u, v) = 0, \ldots$$

III. Ist $f(x) = \dfrac{1}{x}$, so ist

$$f(x, y) = \frac{\dfrac{1}{x} - \dfrac{1}{y}}{x - y} = \frac{\dfrac{y - x}{xy}}{x - y} = -\frac{1}{xy}, \quad f(x, y, z) = \frac{-\dfrac{1}{xy} + \dfrac{1}{yz}}{x - z} = \frac{\dfrac{-z + x}{xyz}}{x - z} = \frac{1}{xyz},$$

$$f(x, y, z, u) = \frac{\dfrac{1}{xyz} - \dfrac{1}{yzu}}{x - u} = \frac{\dfrac{u - x}{xyzu}}{x - u} = -\frac{1}{xyzu}, \ldots$$

IV. Ist $f(x) = \sqrt{x}$, so ist

$$f(x, y) = \frac{\sqrt{x} - \sqrt{y}}{x - y} = \frac{1}{\sqrt{x} + \sqrt{y}}, \quad f(x, y, z) = \frac{\dfrac{1}{\sqrt{x} + \sqrt{y}} - \dfrac{1}{\sqrt{y} + \sqrt{z}}}{x - z} =$$

$$= \frac{\dfrac{\sqrt{y} + \sqrt{z} - \sqrt{x} - \sqrt{y}}{(\sqrt{x} + \sqrt{y})(\sqrt{y} + \sqrt{z})}}{x - z} = \frac{1}{(\sqrt{x} + \sqrt{y})(\sqrt{y} + \sqrt{z})} \cdot \frac{\sqrt{z} - \sqrt{x}}{x - z} =$$

$$= -\frac{1}{(\sqrt{x} + \sqrt{y})(\sqrt{x} + \sqrt{z})(\sqrt{y} + \sqrt{z})}, \ldots$$

4. Der Steigungsspiegel. Eine übersichtliche und namentlich für Zahlenrechnungen bequeme Anordnung der Steigungen (in bestimmter Auswahl) liefert der Steigungsspiegel (das Steigungsschema, die Steigungstafel):

$$
\begin{array}{c|cccc}
x_1 & f(x_1) & & & \\
 & & f(x_1, x_2) & & \\
x_2 & f(x_2) & & f(x_1, x_2, x_3) & \\
 & & f(x_2, x_3) & & f(x_1, x_2, x_3, x_4) \\
x_3 & f(x_3) & & f(x_2, x_3, x_4) & \vdots \\
 & & f(x_3, x_4) & \vdots & \\
x_4 & f(x_4) & \vdots & & \\
\vdots & \vdots & & &
\end{array}
$$

In zwei Spalten stehen Argumentwerte und Funktionswerte wie bei einer tabellarischen Darstellung nebeneinander. In einer nächsten Spalte folgen in Zwischenzeilen die Steigungen mit je zwei benachbarten aus den Argumenten; ähnlich in der nächsten Spalte, wieder in Zwischenzeilen, also in Zeilen, die bei den Funktionswerten vorkommen, die zweiten Steigungen mit je drei benachbarten aus den Argumenten, usw.

Es enthält also jede Spalte Steigungen derselben Ordnung, die Zeilenhöhe ist die mittlere Zeilenhöhe der vorkommenden Argumente. Der Steigungsspiegel enthält nicht alle Steigungen, die sich mit den Argumenten x_1, x_2, x_3, ... bilden lassen.

Der Übergang von einer Spalte zur nächsten rechts geschieht stets, indem eine Steigung der linken Spalte von der darüberstehenden abgezogen und diese Differenz durch die Differenz der nicht gemeinsamen Argumente dividiert wird. Diese Argumente findet man leicht, indem man von dem zu besetzenden Platz aus nach links schief aufsteigend und schief absteigend bis zur Spalte der Funktionswerte und dann noch über den senkrechten Strich hinüber geht.

So z. B. ist der Zähler von $f(x_2, x_3, x_4)$ die Differenz der links davon eine halbe Zeile höher und eine halbe Zeile tiefer stehenden Steigungen $f(x_2, x_3)$ und $f(x_3, x_4)$, der Nenner die Differenz der beiden Argumente x_2 und x_4, die man auf den schiefen Linien über $f(x_2, x_3)$ nach $f(x_2)$ und über $f(x_3, x_4)$ nach $f(x_4)$, und dann beidemal über den Strich hinüber, erhält.

Als Beispiel folge der Steigungsspiegel der Funktion x^3 für die Argumente 0, 1, 3, 6, 10, 15 (die Dreieckszahlen, d. h. die Teilsummen der Reihe $0 + 1 + 2 + 3 + 4 + 5$):

$$
\begin{array}{c|ccccc}
0 & 0 \\
  &   & 1 \\
1 & 1 &   & 4 \\
  &   & 13 &   & 1 \\
3 & 27 &   & 10 &   & 0 \\
  &   & 63 &   & 1 \\
6 & 216 & & 19 &   & 0 \\
  &   & 196 & & 1 \\
10 & 1000 & & 31 \\
   &   & 475 \\
15 & 3375
\end{array}
$$

Diese Werte können an den Formeln des Beispiels II in 2 überprüft werden.

Beim Anlegen eines Steigungsspiegels empfiehlt sich die Verwendung von eng liniiertem Papier (z. B. das übliche karrierte, gekästelte, Papier), bei dem man die Argumente nur auf jede zweite Zeile setzt, so daß alle Funktionswerte und alle Steigungen auf den Zeilen Platz finden.

Sind die Argumente und die Funktionswerte nicht einfache Zahlen, so kann man zur Erleichterung der Rechnungen den Steigungsspiegel erweitern, indem man links die Argumentdifferenzen und vor jeder Steigung die Differenz, die ihren Zähler bildet, einfügt.

Ein solcher Steigungsspiegel hat also folgendes Aussehen:

$$
\begin{array}{ccc|lll}
& & x_1 & f(x_1) \\
& x_2 - x_1 & & & f(x_2) - f(x_1) \; f(x_1, x_2) \\
x_3 - x_1 & & x_2 & f(x_2) & & & f(x_2, x_3) - f(x_1, x_2) \; f(x_1, x_2, x_3) \\
\vdots & x_3 - x_2 & & & f(x_3) - f(x_2) \; f(x_2, x_3) & & \vdots \qquad \vdots \\
& \vdots & x_3 & f(x_3) & \vdots & \vdots \\
& & & \vdots
\end{array}
$$

das frühere Beispiel wird

```
                 0 |    0
              1    |
           3    1  |    1              1    1
        6    2     |               26    13         12    4
    10    5    3   |   27                          50    10       6   1
        9    3     |              189    63                          0   0
    14    7    6   |  216                         133    19      9   1
       12    4     |              784   196                         0   0
           9   10  | 1000                         279    31     12   1
              5    |             2375   475
             15    | 3375
```

5. Eigenschaften der Steigungen. Für eine Funktion $f(x) = g(x) + h(x)$ ist

$$f(x_1, x_2) = \frac{f(x_1) - f(x_2)}{x_1 - x_2} = \frac{g(x_1) + h(x_1) - g(x_2) - h(x_2)}{x_1 - x_2} = \frac{g(x_1) - g(x_2)}{x_1 - x_2} +$$

$$+ \frac{h(x_1) - h(x_2)}{x_1 - x_2} = g(x_1, x_2) + h(x_1, x_2), \quad \text{ebenso} \quad f(x_1, x_2, x_3) =$$

$$= g(x_1, x_2, x_3) + h(x_1, x_2, x_3), \ldots$$

in Worten: die Steigungen können bei einer Summe von Funktionen gliedweise gebildet werden. Die Eigenschaft gilt auch für mehr als zwei Summanden.

Ganz ähnlich ist für $f(x) - g(x) - h(x)$

$$f(x_1, x_2) = g(x_1, x_2) - h(x_1, x_2), \quad f(x_1, x_2, x_3) = g(x_1, x_2, x_3) - h(x_1, x_2, x_3), \ldots$$

Für eine Funktion $f(x) = c g(x)$ ist

$$f(x_1, x_2) = \frac{f(x_1) - f(x_2)}{x_1 - x_2} = \frac{c g(x_1) - c g(x_2)}{x_1 - x_2} = c \frac{g(x_1) - g(x_2)}{x_1 - x_2} = c g(x_1, x_2)$$

ebenso $\qquad f(x_1, x_2, x_3) = c g(x_1, x_2, x_3), \ldots$

in Worten: ein fester Faktor bleibt bei der Bildung der Steigungen stehen.

Diese Eigenschaften sind wegen der Ähnlichkeit mit bekannten Differentiationsregeln leicht zu merken. Diese Ähnlichkeit hat ihren tieferen Grund (13).

Setzt man $x = \lambda t + \mu$, $x_1 = \lambda t_1 + \mu$, $x_2 = \lambda t_2 + \mu$, $\ldots$ und $f(x) = f(\lambda t + \mu) = g(t)$, so ist

$$f(x_1, x_2) = \frac{f(x_1) - f(x_2)}{x_1 - x_2} = \frac{f(\lambda t_1 + \mu) - f(\lambda t_2 + \mu)}{\lambda t_1 + \mu - \lambda t_2 - \mu} = \frac{g(t_1) - g(t_2)}{\lambda(t_1 - t_2)} = \frac{1}{\lambda} g(t_1, t_2),$$

$$g(t_1, t_2) = \lambda f(x_1, x_2)$$

ebenso

$$f(x_1, x_2, x_3) = \frac{1}{\lambda^2} g(t_1, t_2, t_3), \quad g(t_1, t_2, t_3) = \lambda^2 f(x_1, x_2, x_3), \ldots$$

in Worten: werden die Argumente einer Funktion der linearen Umformung $x = \lambda t + \mu$ unterzogen, so nimmt jede erste Steigung den Faktor λ, jede zweite Steigung den Faktor λ^2, $\ldots$ an.

Als Beispiel vergleiche man den Steigungsspiegel

$$
\begin{array}{c|cccc}
1 & 0 \\
 & & 10 \\
1{\cdot}1 & 1 & & 400 \\
 & & 130 & & 1000 \\
1{\cdot}3 & 27 & & 1000 \\
 & & 630 \\
1{\cdot}6 & 216
\end{array}
$$

mit dem in 4; hier ist $\lambda = 10$, $\mu = -10$.

Die Regel läßt sich mit der Kettenregel der Differentialrechnung in Vergleich stellen.

6. Unabhängige Darstellung der Steigungen. In 4 sind die Steigungen **rücklaufend (rekurrent)** aufgestellt worden, d. h. die Bildung der höheren ist auf dem Weg über die niedrigeren vorgenommen worden. Es ist wünschenswert, auch einen **unabhängigen (independenten)** Ausdruck für die höheren Steigungen zu haben, d. h. einen, der nicht die vorherige Bildung der niedrigeren Steigungen voraussetzt. Man gelangt dazu auf folgende Weise.

Zunächst ist nach der Erklärung in 2

$$
f(x_1,\, x_2) = \frac{f(x_1)}{x_1 - x_2} - \frac{f(x_2)}{x_1 - x_2} = \frac{f(x_1)}{x_1 - x_2} + \frac{f(x_2)}{x_2 - x_1},
$$

daher ist auch (wenn man alle Zeiger um 1 erhöht)

$$
f(x_2,\, x_3) = \frac{f(x_2)}{x_2 - x_3} + \frac{f(x_3)}{x_3 - x_2}.
$$

Hieraus ergibt sich

$$
f(x_1,\, x_2,\, x_3) = \frac{\dfrac{f(x_1)}{x_1 - x_2} + \dfrac{f(x_2)}{x_2 - x_1} - \dfrac{f(x_2)}{x_2 - x_3} - \dfrac{f(x_3)}{x_3 - x_2}}{x_1 - x_3}
$$

$$
= \frac{f(x_1)}{(x_1 - x_2)(x_1 - x_3)} + \frac{f(x_2)}{x_1 - x_3} \cdot \frac{\overline{x_2 - x_3} - \overline{x_2 - x_1}}{(x_2 - x_1)(x_2 - x_3)} - \frac{f(x_3)}{(x_3 - x_2)(x_1 - x_3)}
$$

$$
= \frac{f(x_1)}{(x_1 - x_2)(x_1 - x_3)} + \frac{f(x_2)}{(x_2 - x_1)(x_2 - x_3)} + \frac{f(x_3)}{(x_3 - x_1)(x_3 - x_2)}.
$$

Dieses Verfahren kann fortgesetzt werden:

$$
f(x_1,\, x_2,\, x_3,\, x_4) =
$$

$$
= \frac{\dfrac{f(x_1)}{(x_1-x_2)(x_1-x_3)} + \dfrac{f(x_2)}{(x_2-x_1)(x_2-x_3)} + \dfrac{f(x_3)}{(x_3-x_1)(x_3-x_2)} - \dfrac{f(x_2)}{(x_2-x_3)(x_2-x_4)} - \dfrac{f(x_3)}{(x_3-x_2)(x_3-x_4)} - \dfrac{f(x_4)}{(x_4-x_2)(x_4-x_3)}}{x_1 - x_4}
$$

$$
= \frac{f(x_1)}{(x_1 - x_2)(x_1 - x_3)(x_1 - x_4)} + \frac{f(x_2)}{x_1 - x_4} \cdot \frac{\overline{x_2 - x_4} - \overline{x_2 - x_1}}{(x_2 - x_1)(x_2 - x_3)(x_2 - x_4)} + \frac{f(x_3)}{x_1 - x_4} \cdot
$$

$$
\frac{\overline{x_3 - x_4} - \overline{x_3 - x_1}}{(x_3 - x_1)(x_3 - x_2)(x_3 - x_4)} - \frac{f(x_4)}{(x_1 - x_4)(x_4 - x_2)(x_4 - x_3)} = \frac{f(x_1)}{(x_1 - x_2)(x_1 - x_3)(x_1 - x_4)} +
$$

$$
+ \frac{f(x_2)}{(x_2 - x_1)(x_2 - x_3)(x_2 - x_4)} + \frac{f(x_3)}{(x_3 - x_1)(x_3 - x_2)(x_3 - x_4)} + \frac{f(x_4)}{(x_4 - x_1)(x_4 - x_2)(x_4 - x_3)}.
$$

In derselben Art geht es weiter; der allgemeine Ausdruck lautet:

$$(*) \quad f(x_1, x_2, \ldots, x_n) = \frac{f(x_1)}{(x_1 - x_2)(x_1 - x_3) \ldots (x_1 - x_n)} +$$

$$+ \frac{f(x_2)}{(x_2 - x_1)(x_2 - x_3) \ldots (x_2 - x_n)} + \cdots + \frac{f(x_n)}{(x_n - x_1)(x_n - x_2) \ldots (x_n - x_{n-1})}$$

Die Steigung der Funktion f mit den n Argumenten $x_1, x_2, \ldots, x_n$ ist eine Summe von n Brüchen, von denen jeder im Zähler den Wert enthält, den die Funktion f für eines der Argumente annimmt, während im Nenner das Produkt aller Differenzen steht, bei denen von dem im Zähler auftretenden Argument alle übrigen Argumente abgezogen werden.

7. Symmetrie der Steigungen. Die unabhängige Darstellung der Steigungen in 6 läßt eine weitere Eigenschaft der Steigungen erkennen, sie sind symmetrische Funktionen ihrer Argumente, d. h. sie ändern ihren Wert nicht, wenn die Argumente irgendwie untereinander vertauscht werden. In der Tat werden dadurch nur die Brüche der Formel (*) in 6 und die Faktoren in deren Nennern untereinander vertauscht.

An den Beispielen in 3 läßt sich diese Eigenschaft unmittelbar beobachten.

Aus der Symmetrie folgt noch

$$f(x_1, x_2, \ldots, x_n, x_{n+1}) = \frac{f(x_1, x_2, \ldots, x_n) - f(x_{n+1}, x_2, \ldots, x_n)}{x_1 - x_{n+1}},$$

es ist daher die n-te Steigung nichts andres als die Steigung der $\overline{n-1}$-ten Steigung, genommen in bezug auf ihr erstes Argument, oder, wegen der Symmetrie, genommen in bezug auf irgend eines ihrer Argumente (während alle andern Argumente erhalten bleiben).

8. Darstellung der Steigungen mit Determinanten. Da

$$\frac{f(x_1)}{(x_1 - x_2)(x_1 - x_3) \ldots (x_1 - x_n)}$$

$$= f(x_1) \frac{(x_2 - x_3) \ldots (x_2 - x_n) \ldots (x_{n-1} - x_n)}{(x_1 - x_2)(x_1 - x_3) \ldots (x_1 - x_n)(x_2 - x_3) \ldots (x_2 - x_n) \ldots (x_{n-1} - x_n)}$$

ist und man Zähler und Nenner des letzten Bruches als VANDERMONDEsche Determinanten darstellen kann:

$$\frac{f(x_1)}{(x_1 - x_2)(x_1 - x_3) \ldots (x_1 - x_n)} = f(x_1) \frac{\begin{vmatrix} x_2^{n-2} & \ldots & x_n^{n-2} \\ \vdots & & \vdots \\ x_2 & \ldots & x_n \\ 1 & \ldots & 1 \end{vmatrix}}{\begin{vmatrix} x_1^{n-1} & x_2^{n-1} & \ldots & x_n^{n-1} \\ x_1^{n-2} & x_2^{n-2} & \ldots & x_n^{n-2} \\ \vdots & \vdots & & \vdots \\ x_1 & x_2 & & x_n \\ 1 & 1 & \ldots & 1 \end{vmatrix}},$$

so folgt, wenn man alle Glieder von $f(x_1, x_2, \ldots, x_n)$ in entsprechender Weise behandelt,

$$f(x_1, x_2, \ldots, x_n) = \sum_1^n f(x_\nu)\,(-1)^\nu \frac{\begin{vmatrix} x_1^{n-2} & \ldots & x_{\nu-1}^{n-2} & x_{\nu+1}^{n-2} & \ldots & x_n^{n-2} \\ \vdots & & \vdots & \vdots & & \vdots \\ x_1 & \ldots & x_{\nu-1} & x_{\nu+1} & \ldots & x_n \\ 1 & \ldots & 1 & 1 & \ldots & 1 \end{vmatrix}}{\begin{vmatrix} x_1^{n-1} & x_2^{n-1} & \ldots & x_n^{n-1} \\ x_1^{n-2} & x_2^{n-2} & \ldots & x_n^{n-2} \\ \vdots & \vdots & & \vdots \\ x_1 & x_2 & \ldots & x_n \\ 1 & 1 & \ldots & 1 \end{vmatrix}} =$$

$$= \frac{\begin{vmatrix} f(x_1) & f(x_2) & \ldots & f(x_n) \\ x_1^{n-2} & x_2^{n-2} & \ldots & x_n^{n-2} \\ \vdots & \vdots & & \vdots \\ x_1 & x_2 & \ldots & x_n \\ 1 & 1 & \ldots & 1 \end{vmatrix}}{\begin{vmatrix} x_1^{n-1} & x_2^{n-1} & \ldots & x_n^{n-1} \\ x_1^{n-2} & x_2^{n-2} & \ldots & x_n^{n-2} \\ \vdots & \vdots & & \vdots \\ x_1 & x_2 & \ldots & x_n \\ 1 & 1 & \ldots & 1 \end{vmatrix}}.$$

Jede Steigung läßt sich daher als Quotient von Determinanten darstellen. Hieraus folgt von neuem die Symmetrie (7).

9. Die Newtonsche Interpolationsformel. Es möge noch einmal die rücklaufende Aufstellung der Steigungen nach 2 vorgenommen werden, dabei aber eines der Argumente besonders hervorgehoben werden. Zur Kennzeichnung möge dieses mit x ohne Zeiger bezeichnet werden, während die weiteren $x_1, x_2, \ldots$ heißen sollen. Die Erklärungsformeln lauten also:

$$f(x, x_1) = \frac{f(x) - f(x_1)}{x - x_1}$$

$$f(x, x_1, x_2) = \frac{f(x, x_1) - f(x_1, x_2)}{x - x_2}$$

$$f(x, x_1, x_2, x_3) = \frac{f(x, x_1, x_2) - f(x_1, x_2, x_3)}{x - x_3}$$

$$\cdot\ \cdot\ \cdot\ \cdot\ \cdot\ \cdot\ \cdot\ \cdot\ \cdot\ \cdot\ \cdot\ \cdot\ \cdot\ \cdot\ \cdot\ \cdot\ \cdot\ \cdot\ \cdot$$

$$f(x, x_1, x_2, \ldots, x_n) = \frac{f(x, x_1, x_2, \ldots, x_{n-1}) - f(x_1, x_2, \ldots, x_n)}{x - x_n}.$$

In allen diesen Formeln möge der Nenner weggeschafft und der Minuend des Zählers berechnet werden:

$$f(x) = f(x_1) + (x - x_1)\,f(x, x_1)$$

$$f(x, x_1) = f(x_1, x_2) + (x - x_2)\,f(x, x_1, x_2)$$

$$f(x, x_1, x_2) = f(x_1, x_2, x_3) + (x - x_3)\,f(x, x_1, x_2, x_3)$$

$$\cdot\ \cdot$$

$$f(x, x_1, x_2, \ldots, x_{n-1}) = f(x_1, x_2, \ldots, x_n) + (x - x_n)\,f(x, x_1, x_2, \ldots, x_n).$$

Man kann nun $f(x, x_1)$ aus der zweiten Formel entnehmen und in die erste Formel einsetzen, in die so entstehende Formel kann man wieder den Wert für $f(x, x_1, x_2)$ aus der dritten Formel einführen, usw. Auf diese Art erhält man eine Kette von Formeln:

$$f(x) = f(x_1) + (x - x_1)\,f(x, x_1)$$

$$f(x) = f(x_1) + (x - x_1)\,f(x_1, x_2) + (x - x_1)\,(x - x_2)\,f(x, x_1, x_2)$$

$$f(x) = f(x_1) + (x - x_1)\,f(x_1, x_2) + (x - x_1)\,(x - x_2)\,f(x_1, x_2, x_3) +$$
$$+ (x - x_1)\,(x - x_2)\,(x - x_3)\,f(x, x_1, x_2, x_3)$$

$$\cdot\ \cdot\ \cdot\ \cdot\ \cdot\ \cdot\ \cdot\ \cdot\ \cdot\ \cdot\ \cdot\ \cdot\ \cdot\ \cdot\ \cdot\ \cdot\ \cdot\ \cdot\ \cdot$$

$$(*)\quad f(x) = f(x_1) + (x - x_1)\,f(x_1, x_2) + (x - x_1)\,(x - x_2)\,f(x_1, x_2, x_3) +$$
$$+ (x - x_1)\,(x - x_2)\,(x - x_3)\,f(x_1, x_2, x_3, x_4) + \cdots +$$
$$+ (x - x_1)\,(x - x_2) \ldots (x - x_{n-1})\,f(x_1, x_2, \ldots, x_n) +$$
$$+ (x - x_1)\,(x - x_2) \ldots (x - x_n)\,f(x, x_1, x_2, \ldots, x_n).$$

Die letzte Formel begreift als allgemeine die vorhergehenden in sich wenn man für n die Werte 1, 2, 3, ... wählt. Es genügt daher, den Bau dieser letzten Formel zu untersuchen.

Das Argument x kommt in allen Gliedern der Formel bis zum vorletzten nur in den Differenzen in runden Klammern vor, diese Glieder sind demnach Polynome (ganze rationale Funktionen), deren Grade je um eine Einheit von 0 bis $n - 1$ aufsteigen. Ihre Summe bildet daher selbst ein Polynom von $n - 1$-tem (oder geringerem) Grade, das mit $P_{n-1}(x)$ bezeichnet und aus Gründen, die später (31) einleuchten werden, das Ersatzpolynom genannt werden möge:

$$(**)\quad P_{n-1}(x) = f(x_1) + (x - x_1)\,f(x_1, x_2) + (x - x_1)\,(x - x_2)\,f(x_1, x_2, x_3) +$$
$$+ (x - x_1)\,(x - x_2)\,(x - x_3)\,f(x_1, x_2, x_3, x_4) + \cdots +$$
$$+ (x - x_1)\,(x - x_2) \ldots (x - x_{n-1})\,f(x_1, x_2, \ldots, x_n).$$

Um den Bau dieses Polynoms leichter zu überblicken, beachte man, daß beim Fortschreiten von links nach rechts die Größen x_1, x_2, ..., x_n stets zuerst als Argument in einer Steigung und vom nächsten Glied an auch als Subtrahenden in den runden Klammern auftreten. Die als Koeffizienten vorkommenden Steigungen finden sich im Steigungsspiegel (4) auf einer nach rechts absteigenden Linie.

Mit dieser Abkürzung lautet nunmehr die vorhin gewonnene Formel

$$(***)\quad f(x) = P_{n-1}(x) + (x - x_1)\,(x - x_2) \ldots (x - x_n)\,f(x, x_1, x_2, \ldots, x_n).$$

Das letzte Glied weist einen andern Bau auf als die vorhergehenden, insofern x nicht nur in den runden Klammern, sondern auch als Argument in der Steigung auftritt; sein Bau richtet sich demnach nach dem der Funktion $f(x)$.

Die so erhaltene Formel (*) oder (***) wird nach ihrem Entdecker I. Newton (1723) die Newtonsche Interpolationsformel (Einschaltungsformel) genannt, ein Name, über dessen genaueren Sinn noch zu sprechen sein wird (17, 31).

10. Abschätzung der Steigungen. Aus dem Umstand, daß das letzte Glied der Newtonschen Interpolationsformel im Gegensatz zu den vorhergehenden, die sich zum Polynom $P_{n-1}(x)$ zusammenfassen lassen, in seinem Bau von dem von $f(x)$ abhängig ist, entspringt das Bestreben, es, wenn schon nicht genau, so doch wenigstens näherungsweise, bequem bestimmen zu können. Hierbei kommt es offenbar auf den letzten Faktor $f(x, x_1, x_2, \ldots, x_n)$ an, da die andern Faktoren zusammen ein Polynom n-ten Grades ergeben. Es wird also eine Abschätzung einer solchen Steigung zu suchen sein.

Bemerkenswerterweise kann man dabei von der Interpolationsformel selbst Gebrauch machen. Bringt man $P_{n-1}(x)$ nach links:

$$f(x) - P_{n-1}(x) = (x - x_1)(x - x_2) \ldots (x - x_n)\, f(x, x_1, x_2, \ldots, x_n),$$

so erkennt man, daß die Funktion $f(x) - P_{n-1}(x)$ für die Werte x_1, $x_2, \ldots, x_n$ den Wert Null annimmt, weil jedesmal eine der Differenzen auf der rechten Seite Null wird.

Nach dem in der Differentialrechnung vorkommenden Satz von Rolle*) liegt zwischen zwei Stellen, an denen eine (stetige und differenzierbare) Funktion Null wird, mindestens eine Stelle, an der ihre Ableitung den Wert Null annimmt. Man nehme an, daß die Ableitungen $f'(x), f''(x), \ldots, f^{(n-1)}(x)$ stetig seien. Die n Stellen $x_1, x_2, \ldots, x_n$ (die man sich hiezu der Größe nach umgeordnet denken möge) bilden $n-1$ Spielräume, deren jeder nach dem Satz von Rolle (mindestens) eine Stelle enthalten muß, an der die Ableitung $f'(x) - P'_{n-1}(x)$ gleich Null ist. Diese Stellen bilden nun wieder (mindestens) $n-2$ Spielräume, auf die der Satz von Rolle, und zwar diesmal auf die Funktion $f'(x) - P'_{n-1}(x)$ angewendet werden kann. Man erhält so (mindestens) $n-2$ Stellen, an denen $f''(x) - P''_{n-1}(x)$ gleich Null wird. Fährt man so fort, so kommt man schließlich auf (mindestens) eine Stelle, an der $f^{(n-1)}(x) - P^{(n-1)}_{n-1}(x)$ den Wert Null annimmt. Nennt man diese Stelle (oder eine von ihnen) ξ, so gilt also

$$f^{(n-1)}(\xi) - P^{(n-1)}_{n-1}(\xi) = 0.$$

Dabei ist ξ in dem Spielraum, der durch den kleinsten und den größten der Werte $x_1, x_2, \ldots, x_n$ bestimmt ist, enthalten.

Nun ist noch nach (**) in 9 $P_{n-1}(x)$ ein Polynom $\overline{n-1}$-ten Grades, also ist $P^{(n-1)}_{n-1}(x)$ ein fester Wert. Überdies ist das Anfangsglied von $P_{n-1}(x)$ gleich $f(x_1, x_2, \ldots, x_n) \cdot x^{n-1}$; also hat man

$$P^{(n-1)}_{n-1}(\xi) = P^{(n-1)}_{n-1}(x) = f(x_1, x_2, \ldots, x_n) \cdot \overline{n-1}!$$

Somit ergibt sich

$$f^{(n-1)}(\xi) - f(x_1, x_2, \ldots, x_n) \cdot \overline{n-1}! = 0,$$

$$f(x_1, x_2, \ldots, x_n) = \frac{1}{\overline{n-1}!}\, f^{(n-1)}(\xi).$$

---

*) Siehe etwa des Verfassers Elemente der höheren Mathematik, Leipzig und Wien, 2., 3. oder 4. Auflage, 312.

Diese Formel enthält die gesuchte Abschätzung. Sie sagt aus:

Eine Steigung einer Funktion f ist gleich dem Werte der Ableitung derselben Ordnung wie die Steigung selbst an einer (nicht näher bekannten) Stelle in dem Spielraum, der durch das kleinste und das größte aller Argumente der Steigung bestimmt ist, noch dividiert durch die Faktorielle der Ordnungszahl.

Für die erste Steigung erhält man

$$f(x_1, x_2) = \frac{f(x_1) - f(x_2)}{x_1 - x_2} = f'(\xi),$$

$$f(x_1) - f(x_2) = (x_1 - x_2) f'(\xi)$$

den ersten Mittelwertsatz.

11. Die Newtonsche Interpolationsformel mit Restglied. Die Abschätzung in 10 soll nun auf die Interpolationsformel (*) in 9 angewendet werden. Es ist

$$f(x, x_1, x_2, \ldots x_n) = \frac{1}{n!} f^{(n)}(\xi),$$

wo ξ ein Wert aus dem durch x, x_1, x_2, $\ldots$, x_n bestimmten Spielraum ist. Die Formel verwandelt sich demnach in

$$(*) \quad f(x) = f(x_1) + (x - x_1) f(x_1, x_2) + (x - x_1)(x - x_2) f(x_1, x_2, x_3) +$$
$$+ (x - x_1)(x - x_2)(x - x_3) f(x_1, x_2, x_3, x_4) + \cdots +$$
$$+ (x - x_1)(x - x_2) \ldots (x - x_{n-1}) f(x_1, x_2, \ldots, x_n) +$$
$$+ (x - x_1)(x - x_2) \ldots (x - x_n) \frac{f^{(n)}(\xi)}{n!}$$

oder kurz

$$f(x) = P_{n-1}(x) + R_n,$$

wo zur Abkürzung

$$(x - x_1)(x - x_2) \ldots (x - x_n) \frac{f^{(n)}(\xi)}{n!} = R_n$$

gesetzt ist. R_n wird das Restglied genannt und man spricht daher von der Newtonschen Interpolationsformel mit Restglied.

§ 2. Steigungen mit gleichen Argumenten.

12. Erklärung von Steigungen mit gleichen Argumenten als Grenzwerte. Die in 2 als Erklärung der Steigungen aufgestellten Formeln verlieren ihren Sinn, wenn irgend zwei der Argumente einander gleich sind, weil alle Differenzen zwischen den Argumenten als Divisoren auftreten. Man erklärt jedoch eine Steigung mit gleichen Argumenten als den Grenzwert, dem die Steigung mit ungleichen Argumenten zustrebt, wenn die Argumente zusammenrücken, also z. B.

$$f(x_1, x_1) \quad = \lim_{\overline{x}_1 = x_1} f(x_1, \overline{x}_1)$$

$$f(x_1, x_1, x_2) = \lim_{\overline{x}_1 = x_1} f(x_1, \overline{x}_1, x_2)$$

$$f(x_1, x_1, x_1) = \lim_{\substack{\overline{x}_1 = x_1 \\ \overline{\overline{x}}_1 = x_1}} f(x_1, \overline{x}_1, \overline{\overline{x}}_1)$$

oder etwa

$$f(x_1, x_2, x_1, x_3, x_2, x_1) = f(x_1, x_1, x_1, x_2, x_2, x_3) = \lim_{\substack{\bar{x}_1 = x_1 \\ \bar{\bar{x}}_1 = x_1 \\ \bar{x}_2 = x_2}} f(x_1, \bar{x}_1, \bar{\bar{x}}_1, x_2, \bar{x}_2, x_3)$$

(die Anordnung der Argumente ist ja nach 7 ohne Bedeutung).

Diese Erklärung hat den Vorteil, daß Formeln mit Steigungen, bei denen die Argumentdifferenzen durch Multiplikation aus den Nennern weggebracht worden sind, für Steigungen mit gleichen Argumenten ohne weiteres gültig bleiben.

Für algebraische Funktionen ist es möglich, die Steigungen so umzuformen, daß die Ausdrücke für gleiche Argumente brauchbar bleiben; es genüge hier, auf die Beispiele in 8 hinzuweisen.

13. Berechnung von Steigungen mit lauter gleichen Argumenten. Besonders einfache Formeln erhält man für Steigungen, deren Argumente sämtlich untereinander gleich sind.

Nach der Abschätzung in 10 ist

$$f(x_1, x_2, \ldots, x_n) = \frac{1}{n-1!}\, f^{(n-1)}(\xi),$$

wo ξ ein Wert aus dem durch $x_1, x_2, \ldots, x_n$ bestimmten Spielraum ist. Läßt man alle Argumente dem Grenzwert x_1 zustreben, so wird offenbar $\lim \xi = x_1$, daher ergibt sich die Formel

$$\underset{①\quad②\qquad\quad ⓝ}{f(x_1, x_1, \ldots, x_1)} = \frac{f^{(n-1)}(x_1)}{n-1!}.$$

Die Abzählung der Argumente auf der linken Seite ist notwendig, weil ihre Anzahl aus der Bezeichnung nicht zu ersehen ist.

Die ersten Fälle lauten

$$f(x_1, x_1) \quad = f'(x_1)$$
$$f(x_1, x_1, x_1) = \frac{f''(x_1)}{2}$$
$$\cdot\;\cdot\;\cdot\;\cdot\;\cdot\;\cdot\;\cdot\;\cdot\;\cdot\;\cdot$$

Einfache Beispiele ergeben sich aus den Formeln in 8.

Namentlich die erste Formel ist bemerkenswert; sie stimmt mit der Grundformel der Differentialrechnung $f'(x_1) = \lim\limits_{x_2 = x_1} \dfrac{f(x_2) - f(x_1)}{x_2 - x_1}$ überein. Hierin liegt auch der tiefere Grund für die Zusammenhänge, auf die in 5 hingewiesen worden ist.

14. Allgemeiner Fall. Eine Steigung, bei der zwei oder mehrere gleiche unter den Argumenten vorkommen, läßt sich nach dem Steigungsspiegel berechnen, wie an dem schon in 12 herangezogenen Beispiel $f(x_1, x_2, x_1, x_3, x_2, x_1)$ erläutert werden möge. Man ordne die Argumente so, daß die gleichen nebeneinander stehen:

$$f(x_1, x_2, x_1, x_3, x_2, x_1) = f(x_1, x_1, x_1, x_2, x_2, x_3).$$

Nun lege man den Steigungsspiegel an:

$$
\begin{array}{c|c}
x_1 & f(x_1) \\
& & f'(x_1) \\
x_1 & f(x_1) & & \tfrac{1}{2} f''(x_1) \\
& & f'(x_1) & & \dfrac{f'(x_1) - f(x_1, x_2)}{x_1 - x_2} \\
x_1 & f(x_1) & & & & \cdot \\
& & f(x_1, x_2) & & \dfrac{f(x_1, x_2) - f'(x_2)}{x_1 - x_2} & \cdot \\
x_2 & f(x_2) & & & & \cdot \\
& & f'(x_2) & & \dfrac{f'(x_2) - f(x_2, x_3)}{x_2 - x_3} \\
x_2 & f(x_2) \\
& & f(x_2, x_3) \\
x_3 & f(x_3)
\end{array}
$$

Wie sogleich zu sehen, sind alle Steigungen im Spiegel entweder nach den Formeln in **13** zu berechnen oder es treten als Nenner von Null verschiedene Differenzen auf, so daß die Rechnung keinem Hindernis begegnet. Die dritten und höheren Steigungen sind nicht mehr eingetragen, weil sie verwickelt sind und nichts Bemerkenswertes darbieten.

15. Zusammenhang der NEWTONschen Interpolationsformel mit der TAYLORschen Entwicklung. Wählt man in der NEWTONschen Interpolationsformel mit Restglied

$$f(x) = f(x_1) + (x - x_1) f(x_1, x_2) + (x - x_1)(x - x_2) f(x_1, x_2, x_3) +$$
$$+ (x - x_1)(x - x_2)(x - x_3) f(x_1, x_2, x_3, x_4) + \cdots +$$
$$+ (x - x_1)(x - x_2) \ldots (x - x_{n-1}) f(x_1, x_2, \ldots, x_n) +$$
$$+ (x - x_1)(x - x_2) \ldots (x - x_n) \frac{f^{(n)}(\xi)}{n!}$$

alle Argumente gleich x_1, so erhält man

$$f(x) = f(x_1) + (x - x_1) f'(x_1) + (x - x_1)^2 \frac{f''(x_1)}{2!} + (x - x_1)^3 \frac{f'''(x_1)}{3!} + \cdots +$$
$$+ (x - x_1)^{n-1} \frac{f^{(n-1)}(x_1)}{n-1!} + (x - x_1)^n \frac{f^{(n)}(\xi)}{n!},$$

wo ξ zwischen x_1 und x liegt. Es ist dies genau die TAYLORsche Entwicklung mit dem Restglied in der Gestalt von LAGRANGE.

§ 3. Interpolation von Polynomen.

16. Die Steigungen eines Polynoms. Es sollen nun die bisherigen Überlegungen auf Polynome angewendet werden. Zur Erleichterung der Übersicht werden Polynome durch große Funktionsbuchstaben kenntlich gemacht, während kleine Funktionsbuchstaben Funktionen bedeuten, über die nichts besondres vorausgesetzt wird.

Es sei

$$F(x) = a_0 x^n + a_1 x^{n-1} + \cdots + a_{n-1} x + a_n$$

ein Polynom n-ten Grades. Als Steigung ergibt sich

$$F(x_1, x_2) = \frac{a_0(x_1^n - x_2^n) + a_1(x_1^{n-1} - x_2^{n-1}) + \cdots + a_{n-1}(x_1 - x_2)}{x_1 - x_2} =$$
$$= a_0(x_1^{n-1} + x_1^{n-2} x_2 + \cdots + x_2^{n-1}) + a_1(x_1^{n-2} + \cdots + x_2^{n-2}) + \cdots + a_{n-1}.$$

$F(x_1, x_2)$ ist also ein Polynom $\overline{n-1}$-ten Grades von x_1; das Glied mit der höchsten Potenz von x_1 ist $a_0 x_1^{n-1}$. Alle Aussagen über x_1 gelten wegen der Symmetrie (7) ebenso für x_2.

Setzt man die Bildung der Steigungen fort, so ergibt sich daher für $F(x_1, x_2, x_3)$ ein Polynom $n-2$-ten Grades von x_1 (ebenso auch von x_2 und x_3); das Glied mit der höchsten Potenz von x_1 ist $a_0 x_1^{n-2}$. In dieser Weise geht es weiter. $F(x_1, x_2, \ldots, x_n)$ ist ein Polynom ersten Grades von x_1 (und ebenso von $x_2, \ldots, x_n$); das Glied mit der ersten Potenz von x_1 ist $a_0 x_1$. Endlich ist $F(x_1, x_2, \ldots, x_{n+1})$ ein Polynom nullten Grades aller Argumente, d. h. ein fester Wert, und zwar a_0.

Die Steigung eines Polynoms, deren Ordnung gleich der Gradzahl ist, ist also fest und gleich dem Koeffizienten der höchsten Potenz. Dasselbe folgt auch aus der Abschätzung in **10**.

Die höheren Steigungen sind daher gleich 0.

Diese Aussagen lassen sich an den Beispielen I und II in **8** leicht bestätigen.

17. Die Newtonsche Interpolationsformel für Polynome. Es sei nun $F(x)$ ein Polynom, dessen Grad höchstens $n-1$ beträgt. Die Newtonsche Interpolationsformel (*) in **9** ergibt

$$(*) \quad F(x) = F(x_1) + (x - x_1) F(x_1, x_2) + (x - x_1)(x - x_2) F(x_1, x_2, x_3) +$$
$$+ \cdots + (x - x_1)(x - x_2) \ldots (x - x_{n-1}) F(x_1, x_2, \ldots, x_n).$$

Das letzte Glied fällt weg, weil es eine Steigung n-ter Ordnung als Faktor enthält (dasselbe liefert die Formel (*) in **11**). Die rechte Seite ist also ein Polynom $\overline{n-1}$-ten Grades, es bleibt nur das Ersatzpolynom übrig. Die Interpolationsformel liefert also das Polynom $F(x)$ wieder, aber in andrer Gestalt, es ist hier durch $F(x_1)$ und die Steigungen $F(x_1, x_2)$, $F(x_1, x_2, x_3)$, $\ldots$, $F(x_1, x_2, \ldots, x_n)$ bestimmt.

Insbesondre läßt sich auf diese Art das Polynom $F(x)$ auch aus den Werten $F(x_1)$, $F(x_2)$, $\ldots$, $F(x_n)$ bestimmen, weil sich aus diesen die Steigungen bilden lassen. Man nennt die Aufgabe, ein Polynom aus seinen Werten an gewissen Stellen (deren Anzahl um 1 größer sein muß, als die Gradzahl, die das Polynom höchstens bekommen soll) zu bestimmen, die **Interpolationsaufgabe**.

Die Newtonsche Interpolationsformel für Polynome liefert also ein Verfahren zur Lösung der Interpolationsaufgabe, woraus sich nunmehr der Grund dieser Benennung ergibt.

Die Lösung der Interpolationsaufgabe ist eindeutig bestimmt, denn sind $F(x)$ und $G(x)$ zwei Polynome höchstens vom $\overline{n-1}$-ten Grade und $F(x_1) = G(x_1)$, $F(x_2) = G(x_2), \ldots, F(x_n) = G(x_n)$, so ist $F(x) - G(x) = 0$ eine Gleichung, deren Grad höchstens $n-1$ beträgt, die aber die n Wurzeln $x_1, x_2, \ldots, x_n$ hat; es muß also $F(x) - G(x)$ identisch gleich Null und $F(x)$ identisch gleich $G(x)$ sein.

Die Berechnung der in der Interpolationsformel auftretenden Steigungen wird man am bequemsten nach dem Steigungsspiegel vornehmen.

Als Beispiel möge das Polynom höchstens vom dritten Grade bestimmt werden, das für die Argumente 0, 1, 3, 5 die Werte 2, 4, 32, 132 annimmt. Der Steigungsspiegel lautet

$$
\begin{array}{c|cccc}
0 & 2 \\
  &   & 2 \\
1 & 4 &   & 4 \\
  &   & 14 &   & 1 \\
3 & 32 &   & 9 \\
  &   & 50 \\
5 & 132
\end{array}
$$

Die in der Interpolationsformel vorkommenden Steigungen stehen in der obersten nach rechts absteigenden Linie: 2, 2, 4, 1. Man findet

$$F(x) = 2 + (x-0) \cdot 2 + (x-0)(x-1) \cdot 4 + (x-0)(x-1)(x-3) \cdot 1 =$$
$$= 2 + 2x + 4x^2 - 4x + x^3 - 4x^2 + 3x = x^3 + x + 2.$$

Die Argumente brauchen nicht der Größe nach geordnet zu werden, doch sind die Zahlenrechnungen dann meist unbequemer, z. B.:

$$
\begin{array}{c|cccc}
0 & 2 \\
  &   & 10 \\
3 & 32 &   & 8 \\
  &   & 50 &   & 1 \\
5 & 132 &   & 9 \\
  &   & 32 \\
1 & 4
\end{array}
$$

$$F(x) = 2 + (x-0) \cdot 10 + (x-0)(x-3) \cdot 8 + (x-0)(x-3)(x-5) \cdot 1 =$$
$$= 2 + 10x + 8x^2 - 24x + x^3 - 8x^2 + 15x = x^3 + x + 2.$$

Sehr häufig wird nicht der allgemeine Ausdruck des Polynoms, sondern sein Wert für ein andres Argument gebraucht; es soll, wie man sagt, zu einem bestimmten neuen Argument interpoliert werden. Die Rechnung verläuft so, wie vorhin, nur ist statt x das vorgeschriebene Argument zu nehmen. Wird z. B. der Wert des vorhin behandelten Polynoms für das Argument 6 gebraucht, so ist zu rechnen:

$$F(6) = 2 + (6-0) \cdot 2 + (6-0)(6-1) \cdot 4 + (6-0)(6-1)(6-3) \cdot 1 =$$
$$= 2 + 6 \cdot 2 + 6 \cdot 5 \cdot 4 + 6 \cdot 5 \cdot 3 \cdot 1 = 2 + 12 + 120 + 90 = 224.$$

18. Interpolation eines Polynoms nach dem Steigungsspiegel. Die Rechnungen in **17** können auch auf eine andre Art geführt werden, bei der der Steigungsspiegel noch ausgiebiger verwertet wird. Es wird dabei von der Tatsache Gebrauch gemacht, daß für ein Polynom die Steigung, deren Ordnung mit der Gradzahl übereinstimmt, fest ist. Hat man daher für irgendwelche Argumente den Wert dieser Steigung berechnet, so kann man diesen Wert in der Spalte dieser Steigungen beliebig oft wiederholen. Von dieser Spalte aus kann man die links davon gelegenen ausfüllen (Rückrechnung von rechts nach links), bis man zur Spalte der Argumente gelangt.

Das Verfahren möge an dem Beispiel aus **17** gezeigt werden: den Wert des Polynoms höchstens vom Grade 3, das für 0, 1, 3, 5 die Werte 2, 4,

32, 132 annimmt, für das Argument 6 zu bestimmen. Man beginne mit
dem Steigungsspiegel wie in 17. Die dritte Steigung hat sich gleich 1 er-

$$
\begin{array}{c|cccc}
0 & 2 \\
  &   & 2 \\
1 & 4 &   & 4 \\
  &   & 14 &   & 1 \\
3 & 32 &   & 9 \\
  &   & 50 &   & 1 \\
5 & 132 &   & 14 \\
  &   & 92 \\
6 & 224
\end{array}
$$

geben, dieser Wert kann also in der Spalte der dritten Steigungen nach
Bedarf wiederholt werden. Da ein Argument dazukommt. so wird auch
die dritte Steigung einmal wiederholt und nun nach links zurückge-
rechnet; die Rückrechnung ergibt die Zahlen unter der punktierten
Trennungslinie. Um den Platz unter 9 zu besetzen, beachte man, daß
die gesuchte Zahl, um 9 vermindert und durch die Argumentdifferenz
$6 - 1 = 5$ dividiert, die schon angeschriebene Steigung 1 liefern muß;
man hat also zu 9 das Produkt aus der Steigung 1 mit der Argumentdifferenz $6 - 1$ zu addieren:

$$9 + (6 - 1) \cdot 1 = 9 + 5 \cdot 1 = 14.$$

Ganz ebenso ist der Platz unter 50 zu besetzen, und zwar mit

$$50 + (6 - 3) \cdot 14 = 50 + 3 \cdot 14 = 92.$$

Endlich liefert dasselbe Verfahren die Zahl, die unter 132 kommt,
d. i. den gesuchten Wert des Polynoms:

$$132 + (6 - 5) \cdot 92 = 132 + 92 = 224.$$

Der Rechnungsgang wird also durch folgende Formel beschrieben:

$$132 + (6 - 5) \cdot [50 + (6 - 3) \cdot [9 + (6 - 1) \cdot 1]] = 224.$$

Braucht man den Wert des Polynoms für mehrere neue Argumente, so könnte
man diese Rechnung mehrmals machen; es ist aber einfacher, die weiteren Argumente gleich in demselben Steigungsspiegel anzuschließen, wie folgendes Beispiel
zeigt:

$$
\begin{array}{c|cccc}
0 & 2 \\
  &   & 2 \\
1 & 4 &   & 4 \\
  &   & 14 &   & 1 \\
3 & 32 &   & 9 \\
  &   & 50 &   & 1 \\
5 & 132 &   & 14 \\
  &   & 92 &   & 1 \\
6 & 224 &   & 15 \\
  &   & 77 &   & 1 \\
4 & 70 &   & 12 \\
  &   & 29 \\
2 & 12
\end{array}
$$

In solchen Fällen ist die Rechnung in der Regel bequemer, wenn man immer eine Spalte fertig rechnet, und dann zu der nächsten Spalte nach links weiterschreitet.

Dieser Rechnungsgang ist auch anwendbar, wenn das Polynom selbst gesucht wird; man braucht nur statt zu einem bestimmten zum allgemeinen Argument x zu interpolieren. Das einzige unbequeme ist, daß die Steigungen Polynome werden und daher viel Platz beanspruchen, den man vorbereiten muß. Z. B.

$$
\begin{array}{c|c}
0 & 2 \\
 & & 2 \\
1 & 4 & & 4 \\
 & & 14 & & 1 \\
3 & 32 & & 9 \\
 & & 50 & & 1 \\
5 & 132 & & x + 8 \\
 & & x^2 + 5x + 26 \\
x & x^3 + x + 2
\end{array}
$$

Die Einzelheiten der Rechnung sind: Unter 9 kommt

$$9 + (x - 1) \cdot 1 = 9 + x - 1 = x + 8;$$

unter 50 kommt

$$50 + (x - 3)(x + 8) = 50 + x^2 + 5x - 24 = x^2 + 5x + 26;$$

unter 132 kommt schließlich

$$132 + (x - 5)(x^2 + 5x + 26) = 132 + x^3 + x - 130 = x^3 + x + 2.$$

Kann oder will man diesen Platz nicht aufwenden, so kann man sich dadurch helfen, daß man die zu berechnenden Werte mit Buchstaben bezeichnet und die Rechnung außerhalb des Steigungsspiegels anbringt:

$$
\begin{array}{c|c}
0 & 2 \\
 & & 2 \\
1 & 4 & & 4 \\
 & & 14 & & 1 \\
3 & 32 & & 9 \\
 & & 50 & & 1 \\
5 & 132 & & u \\
 & & v \\
x & F(x)
\end{array}
\qquad
\begin{aligned}
u &= 9 + (x - 1) \cdot 1 = x + 8 \\
v &= 50 + (x - 3) \cdot u = x^2 + 5x + 26 \\
F(x) &= 132 + (x - 5) \cdot v = x^3 + x + 2
\end{aligned}
$$

Noch ein anderes Hilfsmittel enthält **25.**

19. Zahlenmäßige Rechnung beim Interpolieren. Vergleicht man die beiden Rechenweisen, etwa an dem Beispiel in **17** und **18** die beiden Ausdrücke

$$2 + (6 - 0) \cdot 2 + (6 - 0)(6 - 1) \cdot 4 + (6 - 0)(6 - 1)(6 - 3) \cdot 1$$

und

$$132 + (6 - 5) \cdot [50 + (6 - 3) \cdot [9 + (6 - 1) \cdot 1]],$$

so erkennt man, daß die erste Rechenweise, die nach der NEWTONschen Interpolationsformel, algebraisch einfacher ist, während der Ausdruck nach der zweiten, die dem Steigungsspiegel folgt, durch die vielen ineinander geschachtelten Klammern unübersichtlich ist. Trotzdem ist die zweite Rechenweise für das zahlenmäßige Rechnen bei weitem vorzuziehen, weil durch das Herausheben an Multiplikationen gespart wird. Die Ausrechnung wird von innen heraus geführt, wie im folgenden angedeutet ist:

$$132 + (6-5)\cdot[50 + (6-3)\cdot\underbrace{[9 + (6-1)\cdot1]]}_{\displaystyle\underbrace{14}_{\displaystyle\underbrace{92}_{224}}}$$

Beim Rechnen nach dem Steigungsspiegel treten die Klammern aber überhaupt nicht auf, weil die Zwischenergebnisse stets sogleich ausgerechnet und an den gehörigen Platz gesetzt werden (18).

Es handelt sich hier um einen der gar nicht so seltenen Fälle, daß die algebraisch einfachste und die rechnerisch günstigste Gestalt eines Ausdrucks voneinander verschieden sind.

20. Zusammenhang zwischen den beiden Rechenverfahren. Die beiden in **17** und **18** gezeigten Verfahren führen nicht nur, wie es sein muß, zum selben Ergebnis, sondern stehen im engsten Zusammenhang. Um dies zu erläutern, mögen die Argumente beim Verfahren mit dem Steigungsspiegel in umgekehrter Anordnung genommen werden; zunächst bei der Interpolation zum Argument 6:

<pre>
5 │ 132
  │   50
3 │ 32   9   die Zwischenrechnungen lauten:
  │   14   1
1 │   4   4   4 + (6 − 3)· 1 =   7
  │   2   1
0 │   2   7   2 + (6 − 1)· 7 = 37
  │   37
6 │ 224   2 + (6 − 0)·37 = 224
</pre>

Setzt man in diesen Zwischenrechnungen für 7 und 37 die Ausdrücke ein, ohne irgend etwas auszurechnen, so ergibt sich als Funktionswert

$$2 + (6-0)\,[2 + (6-1)\,[4 + (6-3)\cdot1]] =$$

$$= 2 + (6-0)\cdot2 + (6-0)\,(6-1)\cdot4 + (6-0)\,(6-1)\,(6-3)\cdot1.$$

Man erkennt hierin genau den Ausdruck, der sich aus der NEWTONschen Interpolationsformel ergibt (17).

Derselbe Zusammenhang ist bei der Interpolation zum allgemeinen Argument x zu beobachten:

```
5 │ 132
  │        50
3 │  32          9
  │        14          1
1 │   4           4
  │         2           1
0 │   2           u
  │         v
──┼──────
x │  F(x)
```

$$u = 4 + (x - 3) \cdot 1$$
$$v = 2 + (x - 1) \cdot u$$
$$F(x) = 2 + (x - 0) \cdot v$$

$$F(x) = 2 + (x - 0)\,[2 + (x - 1)\,[4 + (x - 3) \cdot 1]] =$$
$$= 2 + (x - 0) \cdot 2 + (x - 0)(x - 1) \cdot 4 + (x - 0)(x - 1)(x - 3) \cdot 1,$$

genau wie es die NEWTONsche Interpolationsformel liefert (17).

Man bemerkt, daß die Kenntnis des Aufbaus des Steigungsspiegels die NEWTONsche Interpolationsformel vollständig zu ersetzen vermag.

21. Umordnung der Argumente. Die Umkehrung des Steigungsspiegels wie sie eben in **20** angewendet wurde, wäre nicht erforderlich; vielmehr sind alle erforderlichen Steigungen auch in der ursprünglichen Anordnung vorhanden.

Wie leicht zu sehen, kann aus dem Steigungsspiegel die Interpolation für jede Reihenfolge der Argumente durchgeführt werden, bei der in keiner der vorkommenden Steigungen die Argumentreihe eine Lücke aufweist. Mit andern Worten: die Argumente sind so anzuordnen, daß sich jedes neue an die schon vorhandenen oben oder unten anschließt; im ersten Fall hat man im Steigungsspiegel eine halbe Zeile auf-, im zweiten eine halbe Zeile abzusteigen. Allerdings ist dabei dann nach der Interpolationsformel zu rechnen. Wählt man z. B. bei der Aufgabe aus **17** die Reihenfolge 3, 1, 0, 5 für die Argumente, so hat man

```
0 │   2
  │          2
1 │   4           4
  │         14          1
3 │  32           9
  │         50
5 │ 132
```

$$F(6) = 32 + (6 - 3) \cdot 14 + (6 - 3)(6 - 1) \cdot 4 +$$
$$+ (6 - 3)(6 - 1)(6 - 0) \cdot 1 =$$
$$= 32 + (6 - 3)\,[14 + (6 - 1)\,[4 + (6 - 0) \cdot 1]] = 224.$$

Man kann diese Freiheit ausnützen, um zu erreichen, daß die Differenzen $x - x_1$, $x - x_2, \ldots$ anfangs recht klein sind, weil das für die Rechnung günstig ist. Man bringt die Argumente in eine Reihenfolge, bei der zuerst die in der Nähe von x liegenden drankommen. Z. B. sei bei der früheren Aufgabe $F(2)$ zu berechnen:

```
0 │   2
  │          2
1 │   4           4
  │         14          1
3 │  32           9
  │         50
5 │ 132
```

$$F(2) = 4 + (2 - 1)\,[14 + (2 - 3)\,[4 + (2 - 0) \cdot 1]] = 12.$$

22. Berechnung von Steigungen mit gleichen Argumenten bei Polynomen. Die Rückrechnung von rechts nach links im Steigungsspiegel ermöglicht es, bei Polynomen Steigungen mit gleichen Argumenten zu berechnen, ohne einen Grenzübergang zu machen.

Es genügt, ein Beispiel zu geben: Ein Polynom $F(x)$ höchstens vom Grad 3 sei durch die Werte $F(0) = 1$, $F(1) = 2$, $F(3) = 28$, $F(6) = 217$ bestimmt; welchen Wert hat $F'(2)$? Die Rechnung ist die folgende:

```
0 |  1
  |        1
1 |  2            4
  |       13            1
3 | 28           10         1
  |       63            1
6 | 217          11         1
  |       52            1
2 | (9)          10
  |       12
2 | (9)                        F'(2) = 12.
```

Der eingeklammerte Wert $F(2) = 9$ ist zur besseren Übersicht beigefügt; er wird aber zur Bestimmung von $F'(2)$ nicht gebraucht. Das Polynom $F(x)$ ist $x^3 + 1$, wie leicht zu erhalten; es ist daher $F'(x) = 3x^2$, $F'(2) = 12$, wie vorhin.

23. Darstellung der Koeffizienten eines Polynoms als Steigungen. Es sei das Polynom

$$F(x) = a_0 x^n + a_1 x^{n-1} + \cdots + a_{n-2} x^2 + a_{n-1} x + a_n;$$

dann lauten seine Ableitungen

$$F'(x) \quad = n a_0 x^{n-1} + \overline{n-1}\, a_1 x^{n-2} + \cdots + 2 a_{n-2} x + a_{n-1}$$

$$F''(x) \quad = n\overline{n-1}\, a_0 x^{n-2} + \overline{n-1}\,\overline{n-2}\, a_1 x^{n-3} + \cdots + 2 a_{n-2}$$

$$\cdot \ \cdot \ \cdot \ \cdot \ \cdot \ \cdot \ \cdot \ \cdot \ \cdot \ \cdot \ \cdot \ \cdot \ \cdot \ \cdot \ \cdot$$

$$F^{(n-1)}(x) = n\overline{n-1} \ldots 2 a_0 x + \overline{n-1}!\cdot a_1$$

$$F^{(n)}(x) \quad = n!\, a_0.$$

Setzt man $x = 0$, so erhält man

$$F(0) = a_n, \ F'(0) = a_{n-1}, \ F''(0) = 2!\cdot a_{n-2}, \ \ldots, \ F^{(n-1)}(0) = \overline{n-1}!\cdot a_1,$$

$$F^{(n)}(0) = n!\cdot a_0,$$

daher nach den Zusammenhängen in **13**

$$(*) \quad a_n = F(0), \ a_{n-1} = F(0, 0), \ a_{n-2} = F(0, 0, 0), \ \ldots, a_1 = F(0, 0, \ldots, 0),$$
$$a_0 = F(0, 0, \ldots, 0 \ ).$$

Dasselbe folgt aus der Newtonschen Interpolationsformel, wenn alle Argumente gleich Null gewählt werden:

$$F(x) = a_0 x^n + a_1 x^{n-1} + \cdots + a_{n-2} x^2 + a_{n-1} x + a_n = F(0) + x \cdot F(0, 0) +$$
$$+ x^2 \cdot F(0, 0, 0) + \cdots + x^{n-1} \cdot F(0, 0, \ldots, 0) + x^n \cdot F(0, 0, \ldots 0 \ );$$

indem man die Koeffizienten beiderseits vergleicht, ergeben sich wieder die Formeln (*).

24. Das Hornerische Divisionsverfahren. Nun kann man umgekehrt aus den Koeffizienten a_0, a_1, ..., a_n einen Steigungsspiegel aufbauen, und daraus das Polynom allgemein oder für ein besondres Argument p berechnen.

Indem das besondere Argument mit p bezeichnet wird, entsteht ein Rechnungsgang, der sich von der allgemeinen Berechnung nicht unterscheidet, doch entspricht die Bezeichnung p der praktischen Anwendung besser, und ermöglicht ferner die sogleich (25) folgende Weiterführung.

Die Berechnung von $F(p)$ ergibt folgendes Bild

$$(*)\qquad
\begin{array}{c|l}
0 & a_n \\
 & \quad a_{n-1} \\
0 & a_n \qquad\quad a_{n-2} \;\cdot \\
 & \quad a_{n-1} \qquad\qquad\; \cdot\; a_2 \\
\vdots & \vdots \quad\; \cdot \quad a_{n-2}\;\cdot \qquad\qquad a_1 \\
\vdots & \vdots \quad\; \vdots \qquad \vdots \qquad\quad : \; a_2 \qquad a_0 \\
\vdots & \vdots \qquad\quad a_{n-2}\;\cdot \qquad\qquad a_1 \\
 & \quad a_{n-1} \qquad\qquad\quad \cdot\; a_2 \qquad b_0 \\
0 & a_n \qquad\quad a_{n-2}\;\cdot \qquad\qquad b_1 \\
 & \quad a_{n-1} \qquad\qquad\qquad \cdot\; b_2 \\
0 & a_n \qquad\quad b_{n-2}\;\cdot \\
 & \quad b_{n-1} \\
p & F(p)
\end{array}$$

Die Zwischenwerte sind mit b_0, b_1, b_2, ..., b_{n-2}, b_{n-1} bezeichnet; die Rechnung ergibt für sie, da alle in Betracht kommenden Argumentdifferenzen $p - 0 = p$ sind,

$$b_0 = a_0, \; b_1 = a_1 + p\,b_0, \; b_2 = a_2 + p\,b_1, \ldots, b_{n-1} = a_{n-1} + p\,b_{n-2},$$

endlich ist

$$F(p) = a_n + p\,b_{n-1}.$$

Setzt man die Werte ein, so erhält man folgende Kette:

$$
\begin{aligned}
b_0 &= a_0 \\
b_1 &= a_1 + p\,a_0 \\
b_2 &= a_2 + p(a_1 + p\,a_0) \\
&\;\cdots\cdots\cdots\cdots\cdots\cdots\cdots\cdots \\
F(p) &= a_n + p(a_{n-1} + p(a_{n-2} + \cdots + p(a_1 + p\,a_0)\ldots)).
\end{aligned}
$$

Multipliziert man alle Klammern aus, so überzeugt man sich von der Richtigkeit des Ergebnisses.

Für die Zwischenwerte b_1, b_2, ..., b_{n-1} kann man noch eine andre Bedeutung feststellen. Man setze den Steigungsspiegel fort, indem man jetzt das allgemeine Argument x anfügt:

$$
\begin{array}{c|cccccccc}
0 & a_n \\[2pt]
  &   & a_{n-1} \\[2pt]
0 & a_n &   & a_{n-2} & \cdot & & \cdot & a_2 \\[2pt]
  &   & a_{n-1} &   &   & & \cdot & a_2 \\[2pt]
\vdots & \vdots & \cdot & a_{n-2} & \cdot & \cdot & & a_1 \\[2pt]
\vdots & \vdots & \vdots & \vdots & & \vdots & a_2 & a_0 \\[2pt]
\vdots & \vdots & \cdot & a_{n-2} & \cdot & \cdot & & a_1 \\[2pt]
  &   & a_{n-1} &   & \cdot & \cdot & a_2 & b_0 \\[2pt]
0 & a_n &   & a_{n-2} & \cdot & & & b_1 \\[2pt]
  &   & a_{n-1} &   & \cdot & \cdot & b_2 & b_0 \\[2pt]
0 & a_n &   & b_{n-2} & \cdot & \cdot & F_1 \\[2pt]
  &   & b_{n-1} &   & \cdot & F_2 \\[2pt]
p & F(p) &   & F_{n-2} & \cdot \\[2pt]
  &   & F_{n-1} \\[2pt]
x & F(x)
\end{array}
$$

Die Zwischenwerte der neuen Rechnung mögen $F_1, F_2, \ldots, F_{n-2}, F_{n-1}$ genannt werden, sie sind Polynome der Grade $1, 2, \ldots, n-2, n-1$. Die Ausrechnung ergibt, da alle Argumentdifferenzen $x - 0 = x$ sind, ausgenommen die letzte, die $x - p$ beträgt,

$$
F_1 \;= b_1 + x\,b_0 \;= b_1 + b_0\,x
$$
$$
F_2 \;= b_2 + x\,F_1 = b_2 + b_1\,x + b_0\,x^2
$$

$$
\cdots \cdots \cdots \cdots \cdots \cdots \cdots
$$

$$
F_{n-1} = b_{n-1} + x\,F_{n-2} = b_{n-1} + b_{n-2}\,x + \cdots + b_1\,x^{n-2} + b_0\,x^{n-1},
$$

endlich

$$
F(x) = F(p) + (x - p)\,F_{n-1} =
$$
$$
= F(p) + (x - p)\,(b_{n-1} + b_{n-2}\,x + \cdots + b_1\,x^{n-2} + b_0\,x^{n-1}),
$$

anders geschrieben

$$
F(x) = (x - p)\,(b_0\,x^{n-1} + b_1\,x^{n-2} + \cdots + b_{n-2}\,x + b_{n-1}) + F(p).
$$

Man erkennt, daß $b_0\,x^{n-1} + b_1\,x^{n-2} + \cdots + b_{n-2}\,x + b_{n-1}$ der Quotient und $F(p)$ der Rest bei der Division des Polynoms $F(x) = = a_0\,x^n + a_1\,x^{n-1} + \cdots + a_{n-1}\,x + a_n$ durch das lineare Polynom $x - p$ sind. Die Zwischenwerte $b_0, b_1, \ldots, b_{n-2}, b_{n-1}$ liefern also, von rechts nach links gelesen, die Koeffizienten des Quotienten. Nebenbei erhält man das (leicht auch unmittelbar zu bestätigende) Ergebnis, daß der Divisionsrest mit dem Wert $F(p)$ des Polynoms übereinstimmt.

Wenn es sich nur um die Berechnung von $b_0, b_1, \ldots, b_{n-1}$ und $F(p)$ aus $a_0, a_1, \ldots, a_n$ und p handelt, so genügen offenbar die letzten beiden nach rechts aufsteigenden Linien des Steigungsspiegels (*). Man pflegt sie in folgender Anordnung anzuschreiben:

$$
\begin{array}{c|ccccc}
 & a_0 & a_1 & a_2 & \cdots\; a_{n-1} & a_n \\
\hline
p & b_0 & b_1 & b_2 & \cdots\; b_{n-1} & \underline{F(p)}
\end{array}
$$

Man übersehe dabei nicht, daß, wenn Glieder des Polynoms fehlen, die Koeffizienten 0 anzuschreiben sind.

Die Rechenvorschrift dazu lautet: der erste Koeffizient a_0 ist unverändert herunterzusetzen; um die weiteren Werte zu erhalten, ist jeweils die links benachbarte Zahl mit dem links vom Strich stehenden Faktor p zu multiplizieren und die über dem zu besetzenden Platz stehende Zahl zu diesem Produkt zu addieren. Hierbei entstehen zuerst die Koeffizienten des Quotienten und zuletzt der Divisionsrest, zugleich der Wert des Polynoms für p. Diese letzte Zahl wird durch Unterstreichen besonders kenntlich gemacht. Dieser Rechenvorgang heißt nach W. G. HORNER (1819) das HORNERische Divisionsverfahren.

Durch Vergleich mit der ausführlichen algebraischen Division

$$(a_0 x^n + a_1 x^{n-1} + a_2 x^{n-2} + \cdots + a_{n-1} x + a_n) : (x-p) = a_0 x^{n-1} + (a_1 + p a_0) x^{n-2} + \cdots +$$
$$+ (a_{n-1} + p a_{n-2} + \cdots + p^{n-1} a_0)$$

$$\underline{a_0 x^n - p a_0 x^{n-1}}$$
$$\quad - \quad +$$

$$(a_1 + p a_0) x^{n-1}$$
$$\underline{(a_1 + p a_0) x^{n-1} - (p a_1 + p^2 a_0) x^{n-2}}$$
$$\quad - \quad\quad +$$

$$(a_2 + p a_1 + p^2 a_0) x^{n-2}$$
$$\cdots \cdots \cdots \cdots$$
$$(a_{n-1} + p a_{n-2} + \cdots + p^{n-1} a_0) x$$
$$\underline{(a_{n-1} + p a_{n-2} + \cdots + p^{n-1} a_0) x - (p a_{n-1} + p^2 a_{n-2} + \cdots + p^n a_0)}$$
$$\quad - \quad\quad\quad +$$
$$a_n + p a_{n-1} + p^2 a_{n-2} + \cdots + p^n a_0 \quad \text{Rest}$$

erkennt man, daß das HORNERische Verfahren alle Zahlenrechnungen des ausführlichen Verfahrens wiedergibt und nur durch die sinnreiche Anordnung die Wiederholungen und das Anschreiben der Potenzen der Veränderlichen entbehrlich gemacht sind.

25. Neues Rechenverfahren für die Interpolationsaufgabe. Nach den Zusammenhängen in **24** kann man die Interpolationsaufgabe auch lösen, indem man alle Koeffizienten als Steigungen mit dem wiederholten Argument 0 erzeugt. Es möge dies an dem Beispiel aus **17** gezeigt werden:

0	2		
		2	
1	4	4	
		14	1
3	32	9	
		50	1
5	132	8	
		26	1
0	2	5	
		1	1
0	2	0	
		1	1
0	2	0	
		1	
0	2		

hieraus $F(x) = x^3 + x + 2$

oder, etwas günstiger, weil 0 ohnedies vorkommt und weil die Zahlen kleiner werden:

5	132			
		50		
3	32		9	
		14		1
1	4		4	
		2		1
0	2		1	
		1		1
0	2		0	
		1		1
0	2		0	
		1		
0	2			

$$F(x) = x^3 + x + 2.$$

Übrigens genügt es, wenn der Steigungsspiegel nicht weiter fortgesetzt werden soll, jeden Koeffizienten nur bei seinem ersten Auftreten anzuschreiben:

5	132			
		50		
3	32		9	
		14		1
1	4		4	
		2		1
0	2		1	
		1		1
0			0	
				1
0				
0				

$$F(x) = x^3 + x + 2.$$

26. Der Satz von Vieta. Soll ein Polynom n-ten Grades mit dem Koeffizienten 1 bei der höchsten Potenz an den Stellen $r_1, r_2, \ldots, r_n$ gleich Null werden, oder soll die Gleichung mit den Wurzeln $r_1, r_2, \ldots, r_n$ gebildet werden, so liefert der Steigungsspiegel (es möge der leichteren Übersicht wegen $n = 3$ gewählt werden):

r_1	0			
		0		
r_2	0			
		0		1
r_3	0		$-r_1$	
		$r_1 r_2$		1
0	$-r_1 r_2 r_3$		$-r_1 - r_2$	
		$r_1 r_2 + r_2 r_3 + r_1 r_3$		1
0			$-r_1 - r_2 - r_3$	
				1
0				

Man erkennt die bekannte Aussage des Satzes von VIETA: Die Koeffizienten des gesuchten Polynoms sind die mit abwechselnden Vorzeichen genommenen symmetrischen Grundfunktionen der Größen $r_1, r_2, \ldots, r_n$.

27. Die LAGRANGEsche Interpolationsformel. Aus der NEWTONschen Interpolationsformel (*) in 17 entnimmt man, indem man für die Steigung $F(x_1, x_2, \ldots, x_n)$ ihren Wert

$$\frac{F(x_1)}{(x_1 - x_2)(x_1 - x_3)\ldots(x_1 - x_n)} + \frac{F(x_2)}{(x_2 - x_1)(x_2 - x_3)\ldots(x_2 - x_n)} + \cdots +$$

$$+ \frac{F(x_n)}{(x_n - x_1)(x_n - x_2)\ldots(x_n - x_{n-1})}$$

aus 6 einsetzt, daß, wenn man $F(x)$ nach $F(x_1)$, $F(x_2)$, $\ldots$, $F(x_n)$ ordnet, das Glied mit $F(x_n)$ den Wert

$$\frac{(x - x_1)(x - x_2)\ldots(x - x_{n-1})}{(x_n - x_1)(x_n - x_2)\ldots(x_n - x_{n-1})} F(x_n)$$

hat, denn $F(x_n)$ kommt nur im letzten Bestandteil der Interpolationsformel vor. Da nun aber alle Argumente $x_1, x_2, \ldots, x_n$ gleichberechtigt sind, so muß

$$(*) \quad F(x) = \frac{(x-x_2)(x-x_3)\ldots(x-x_n)}{(x_1-x_2)(x_1-x_3)\ldots(x_1-x_n)} F(x_1) + \frac{(x-x_1)(x-x_3)\ldots(x-x_n)}{(x_2-x_1)(x_2-x_3)\ldots(x_2-x_n)} F(x_2) + \cdots$$

$$+ \frac{(x-x_1)(x - x_2)\ldots(x - x_{n-1})}{(x_n - x_1)(x_n - x_2)\ldots(x_n - x_{n-1})} F(x_n)$$

sein. Es ist dies eine neue Gestalt des Polynoms höchstens vom Grade $n - 1$, das an den Stellen $x_1, x_2, \ldots, x_n$ vorgeschriebene Werte annimmt, also eine neue Lösung der Interpolationsaufgabe. Die Formel heißt nach J. L. LAGRANGE (1812) die LAGRANGEsche Interpolationsformel, sie ist aber schon früher von E. WARING aufgestellt worden (1779).

Noch auf andre Art ergibt sich die LAGRANGEsche Interpolationsformel. Da $F(x)$ höchstens den Grad $n - 1$ haben soll, so muß $F(x, x_1, x_2, \ldots, x_n)$ als Steigung n-ter Ordnung Null sein. Führt man die unabhängige Darstellung (6) ein, so erhält man

$$F(x, x_1, x_2, \ldots, x_n) = \frac{F(x)}{(x-x_1)(x-x_2)\ldots(x-x_n)} + \frac{F(x_1)}{(x_1-x)(x_1-x_2)\ldots(x_1-x_n)} +$$

$$+ \frac{F(x_2)}{(x_2 - x)(x_2 - x_1)\ldots(x_2 - x_n)} + \cdots + \frac{F(x_n)}{(x_n-x)(x_n-x_1)\ldots(x_n-x_{n-1})} = 0.$$

Aus dieser Gleichung läßt sich nun $F(x)$ ausrechnen; man bringt auf die andere Seite und multipliziert mit dem Nenner $(x - x_1)(x - x_2)\ldots(x - x_n)$ weg. Einer seiner Faktoren läßt sich jedesmal wegkürzen, wobei gleich das Minuszeichen untergebracht werden kann. So kommt man von neuem auf (*).

Um die LAGRANGEsche Formel in kurzer Gestalt anzuschreiben, setze man noch

$$\Phi(x) = (x - x_1)(x - x_2)\ldots(x - x_n) = (x - x_\nu)\,\Phi_\nu(x) \qquad \nu = 1, 2, \ldots, n$$

dann ist

$$F(x) = \frac{\Phi_1(x)}{\Phi_1(x_1)} F(x_1) + \frac{\Phi_2(x)}{\Phi_2(x_2)} F(x_2) + \cdots + \frac{\Phi_n(x)}{\Phi_n(x_n)} F(x_n) = \sum_1^n {}^\nu \frac{\Phi_\nu(x)}{\Phi_\nu(x_\nu)} F(x_\nu) .$$

Aus

$$\Phi(x) = (x - x_\nu)\,\Phi_\nu(x)$$

folgt noch durch Differentiation

$$\Phi'(x) = \Phi_\nu(x) + (x - x_\nu)\,\Phi_\nu'(x),$$

daher für $x = x_\nu$

$$\Phi'(x_\nu) = \Phi_\nu(x_\nu).$$

Somit erhält man eine zweite Gestalt der Lagrangeschen Interpolationsformel:

$$F(x) = \sum_{1}^{n}{}^{\nu}\, \frac{\Phi_\nu(x)}{\Phi'(x_\nu)}\, F(x_\nu).$$

Die Lagrangesche Interpolationsformel hat den theoretischen Vorzug, daß sie den symmetrischen Aufbau zeigt, ja daß sie geradezu unmittelbar die geforderten Eigenschaften des Polynoms erkennen läßt. In der Tat ist jeder Summand ein Polynom $\overline{n-1}$-ten Grades, die Summe daher ebenfalls, oder von geringerm Grade, wenn sich etwa Glieder wegheben. Setzt man ferner $x = x_1$, so wird der Bruch, der bei $F(x_1)$ als Faktor steht, gleich 1, alle anderen Null, der Wert des Polynoms also gleich $F(x_1)$; ähnlich für die Argumente $x_2, \ldots, x_n$.

Dagegen eignet sich die Lagrangesche Interpolationsformel für das praktische Rechnen wenig. Als Beleg möge das Beispiel aus 17 nach der Lagrangeschen Formel berechnet werden:

$$F(x) = \frac{(x-1)(x-3)(x-5)}{(0-1)(0-3)(0-5)}\cdot 2 + \frac{(x-0)(x-3)(x-5)}{(1-0)(1-3)(1-5)}\cdot 4 + \frac{(x-0)(x-1)(x-5)}{(3-0)(3-1)(3-5)}\cdot 32 +$$

$$+ \frac{(x-0)(x-1)(x-3)}{(5-0)(5-1)(5-3)}\cdot 132 =$$

$$= \frac{x^3 - 9x^2 + 23x - 15}{-15}\cdot 2 + \frac{x^3 - 8x^2 + 15x}{8}\cdot 4 + \frac{x^3 - 6x^2 + 5x}{-12}\cdot 32 +$$

$$+ \frac{x^3 - 4x^2 + 3x}{40}\cdot 132 =$$

$$= (x^3 - 9x^2 + 23x - 15)\cdot -\frac{2}{15} + (x^3 - 8x^2 + 15x)\cdot \frac{1}{2} + (x^3 - 6x^2 + 5x)\cdot -\frac{8}{3} +$$

$$+ (x^3 - 4x^2 + 3x)\cdot \frac{33}{10} =$$

$$= \frac{1}{30}\begin{bmatrix} -\ 4x^3 +\ \ 36x^2 -\ \ 92x + 60 \\ +15x^3 - 120x^2 + 225x \\ -80x^3 + 480x^2 - 400x \\ +99x^3 - 396x^2 + 297x \end{bmatrix} = \frac{1}{30}(30x^3 + 30x + 60) = x^3 + x + 2.$$

Die Nenner $-15,\ 8,\ -12,\ 40$ ergeben sich auch, wenn man

$$\Phi'(x) = [(x-0)(x-1)(x-3)(x-5)]' = (x^4 - 9x^3 + 23x^2 - 15x)' =$$

$$= 4x^3 - 27x^2 + 46x - 15$$

bildet und für x die Werte 0, 1, 3, 5 einsetzt.

28. Interpolation von Polynomen durch Ansatz. Das nächstliegende, freilich recht unvorteilhafte Verfahren zur Lösung der Interpolationsaufgabe besteht darin, das gesuchte Polynom anzusetzen:

$$(*) \qquad F(x) = a_0 x^{n-1} + a_1 x^{n-2} + \cdots + a_{n-2} x + a_{n-1}$$

und nun die Koeffizienten $a_0, a_1, \ldots, a_{n-1}$ aus den linearen Gleichungen zu bestimmen, die sich beim Einsetzen von $x_1, x_2, \ldots, x_n$ ergeben:

$$
(**) \quad
\begin{aligned}
a_0 x_1^{n-1} + a_1 x_1^{n-2} + \cdots + a_{n-2} x_1 + a_{n-1} &= F(x_1) \\
a_0 x_2^{n-1} + a_1 x_2^{n-2} + \cdots + a_{n-2} x_2 + a_{n-1} &= F(x_2) \\
\cdots\cdots\cdots\cdots\cdots\cdots\cdots\cdots\cdots\cdots \\
a_0 x_n^{n-1} + a_1 x_n^{n-2} + \cdots + a_{n-2} x_n + a_{n-1} &= F(x_n).
\end{aligned}
$$

So wäre z. B. für die Aufgabe in **17** das System

$$
\begin{aligned}
a_3 &= 2 \\
a_0 + a_1 + a_2 + a_3 &= 4 \\
27\,a_0 + 9\,a_1 + 3\,a_2 + a_3 &= 32 \\
125\,a_0 + 25\,a_1 + 5\,a_2 + a_3 &= 132
\end{aligned}
$$

zu lösen. Man erhält $a_0 = 1$, $a_1 = 0$, $a_2 = 1$, $a_3 = 2$, somit $F(x) = x^3 + x + 2$, wie vorhin.

Schreibt man die Lösungen in Determinantengestalt, so ergibt sich insbesondere

$$
a_0 = \frac{\begin{vmatrix}
F(x_1) & x_1^{n-2} & \cdots & x_1 & 1 \\
F(x_2) & x_2^{n-2} & \cdots & x_2 & 1 \\
\cdots & \cdots & \cdots & \cdots & \cdots \\
F(x_n) & x_n^{n-2} & \cdots & x_n & 1
\end{vmatrix}}{\begin{vmatrix}
x_1^{n-1} & x_1^{n-2} & \cdots & x_1 & 1 \\
x_2^{n-1} & x_2^{n-2} & \cdots & x_2 & 1 \\
\cdots & \cdots & \cdots & \cdots & \cdots \\
x_n^{n-1} & x_n^{n-2} & \cdots & x_n & 1
\end{vmatrix}}.
$$

Nun ist nach **16** $a_0 = F(x_1, x_2, \ldots, x_n)$; man findet also (bis auf die etwas veränderte Schreibweise) die Formel aus **8** wieder.

29. Lösung der Interpolationsaufgabe mit Determinanten. Bringt man die Formeln (*) und (**) in **28** auf die Gestalt

$$
\begin{aligned}
-F(x) + a_0 x^{n-1} + a_1 x^{n-2} + \cdots + a_{n-2} x + a_{n-1} &= 0 \\
-F(x_1) + a_0 x_1^{n-1} + a_1 x_1^{n-2} + \cdots + a_{n-2} x_1 + a_{n-1} &= 0 \\
-F(x_2) + a_0 x_2^{n-1} + a_1 x_2^{n-2} + \cdots + a_{n-2} x_2 + a_{n-1} &= 0 \\
\cdots\cdots\cdots\cdots\cdots\cdots\cdots\cdots\cdots\cdots \\
-F(x_n) + a_0 x_n^{n-1} + a_1 x_n^{n-2} + \cdots + a_{n-2} x_n + a_{n-1} &= 0,
\end{aligned}
$$

so liegt ein System linearhomogener Gleichungen für die $n+1$ Größen -1, $a_0, a_1, \ldots, a_{n-2}, a_{n-1}$ (die sicher nicht alle Null sind) vor. Damit es solche Größen geben könne, muß bekanntlich die Koeffizientendeterminante Null sein:

$$
\begin{vmatrix}
F(x) & x^{n-1} & x^{n-2} & \cdots & x & 1 \\
F(x_1) & x_1^{n-1} & x_1^{n-2} & \cdots & x_1 & 1 \\
F(x_2) & x_2^{n-1} & x_2^{n-2} & \cdots & x_2 & 1 \\
\cdots & \cdots & \cdots & \cdots & \cdots & \cdots \\
F(x_n) & x_n^{n-1} & x_n^{n-2} & \cdots & x_n & 1
\end{vmatrix} = 0.
$$

Entwickelt man nach der ersten Spalte und rechnet $F(x)$ aus, so erhält man eine neue Gestalt der Lösung der Interpolationsaufgabe, aus der man durch Auswertung der VANDERMONDEschen Determinanten leicht wieder zur LAGRANGEschen Interpolationsformel (27) gelangen kann. Man kann sie auch so darstellen:

$$F(x) \cdot \begin{vmatrix} x_1^{n-1} & x_1^{n-2} & \cdots & x_1 & 1 \\ x_2^{n-1} & x_2^{n-2} & \cdots & x_2 & 1 \\ \cdot & \cdot & & \cdot & \cdot \\ x_n^{n-1} & x_n^{n-2} & \cdots & x_n & 1 \end{vmatrix} + \begin{vmatrix} 0 & x^{n-1} & x^{n-2} & \cdots & x & 1 \\ F(x_1) & x_1^{n-1} & x_1^{n-2} & \cdots & x_1 & 1 \\ F(x_2) & x_2^{n-1} & x_2^{n-2} & \cdots & x_2 & 1 \\ \cdot & \cdot & \cdot & & \cdot & \cdot \\ F(x_n) & x_n^{n-1} & x_n^{n-2} & \cdots & x_n & 1 \end{vmatrix} = 0$$

$$F(x) = - \frac{\begin{vmatrix} 0 & x^{n-1} & x^{n-2} & \cdots & x & 1 \\ F(x_1) & x_1^{n-1} & x_1^{n-2} & \cdots & x_1 & 1 \\ F(x_2) & x_2^{n-1} & x_2^{n-2} & \cdots & x_2 & 1 \\ \cdot & \cdot & \cdot & & \cdot & \cdot \\ F(x_n) & x_n^{n-1} & x_n^{n-2} & \cdots & x_n & 1 \end{vmatrix}}{\begin{vmatrix} x_1^{n-1} & x_1^{n-2} & \cdots & x_1 & 1 \\ x_2^{n-1} & x_2^{n-2} & \cdots & x_2 & 1 \\ \cdot & \cdot & & \cdot & \cdot \\ x_n^{n-1} & x_n^{n-2} & \cdots & x_n & 1 \end{vmatrix}}$$

30. Graphische Durchführung nach BEHMANN. Die Rechnung nach 17 läßt sich, wie H. BEHMANN [Z. angew. Math. Mech. Bd. 11, S. 463—464 (1931)] angegeben hat, in einfacher Weise graphisch durchführen.

Man trage zu den Abszissen $x_1, x_2, \ldots, x_{n-1}, x$ die Werte $F(x_1)$, $F(x_1, x_2), \ldots, F(x_1, x_2, \ldots, x_{n-1}), F(x_1, x_2, \ldots, x_n)$ als Ordinaten auf (die Abszisse x_n wird nicht verwendet). Nun verbinde man den Punkt $(x-1, 0)$ mit $(x, F(x_1, x_2, \ldots, x_n))$, ziehe durch den Punkt $(x_{n-1}, F(x_1, x_2, \ldots, x_{n-1}))$ die Parallele zu dieser Verbindungslinie und schneide sie mit der Parallelen zur Ordinatenaxe durch $(x, 0)$. Der Schnittpunkt hat die Ordinate $F(x_1, x_2, \ldots, x_{n-1}) + (x - x_{n-1}) F(x_1, x_2, \ldots, x_n)$. Nun verbinde man diesen Schnittpunkt wieder mit $(x-1, 0)$, ziehe durch $(x_{n-2}, F(x_1, x_2, \ldots, x_{n-2}))$ die Parallele zu dieser Verbindungslinie und schneide sie mit der Parallelen zur Ordinatenaxe durch $(x, 0)$. Der Schnittpunkt hat die Ordinate

$$F(x_1, x_2, \ldots, x_{n-2}) + (x - x_{n-2}) [F(x_1, x_2, \ldots, x_{n-1}) + (x - x_{n-1}) F(x_1, x_2, \ldots, x_n)].$$

In derselben Weise fährt man fort; schließlich erhält man als letzte Ordinate $F(x)$; der letzte Schnittpunkt $(x, F(x))$ ist zugleich ein Punkt der Bildkurve von $F(x)$.

Die Durchführung möge folgendes einfache Beispiel zeigen

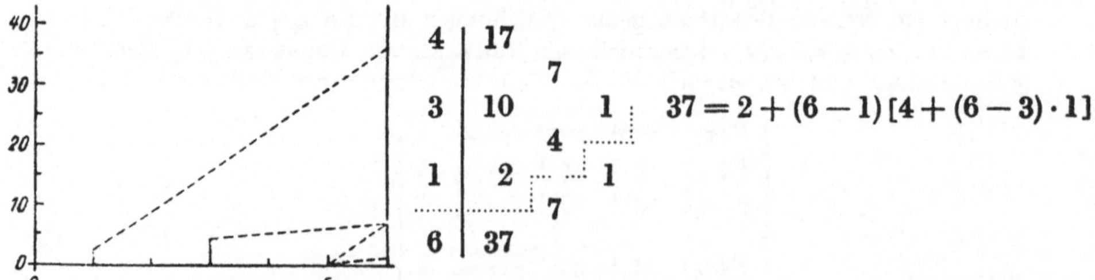

Die gestrichelten Linien werden beim praktischen Arbeiten nicht wirklich gezeichnet.

Das Verfahren von BEHMANN läßt sich noch so erweitern, daß man von den vorgeschriebenen Werten des Polynoms ausgeht, man muß dabei jedoch andre Steigungen als im Steigungsspiegel vorhin verwenden.

§ 4. Die parabolische Interpolation als Näherungsverfahren.

31. Die parabolische Interpolation beliebiger Funktionen. Ist $f(x)$ kein Polynom $n - 1$-ten oder niedrigeren Grades, so ist die Anwendung der NEWTONschen Interpolationsformel nur möglich, wenn der Ausdruck $f(x, x_1, x_2, \ldots, x_n)$ beherrscht werden kann. Hierzu dient dieAbschätzung in **10**. Man hat also von der NEWTONschen Interpolationsformel mit Restglied (11) auszugehen. Indem man den Verlauf der Ableitung $f^{(n)}(x)$ in dem Spielraum, der durch die Argumente $x, x_1, x_2, \ldots, x_n$ bestimmt ist, untersucht, kann man den Faktor $f^{(n)}(\xi)$ und damit den ganzen Ausdruck $P_{n-1}(x) + R_n$ zwischen zwei Schranken einschließen, so daß man den Wert von $f(x)$ mit einer gewissen Unsicherheit erhält.

Es ist hier sogleich zu ersehen, daß die Abschätzung günstiger ausfällt, wenn x zwischen die Argumente $x_1, x_2, \ldots, x_n$ fällt, als wenn es außerhalb des Spielraums liegt, der durch $x_1, x_2, \ldots, x_n$ bestimmt ist. Dieser letzte Fall wird hie und da auch mit der besondern Benennung **Extrapolation** belegt. Man kann also sagen, daß Extrapolationen im allgemeinen ungünstiger sind als Interpolationen im engeren Sinne.

Das gewöhnliche Verfahren besteht aber darin, das Restglied R_n ganz wegzulassen und $P_{n-1}(x)$ als Näherungswert zu verwenden:

$$f(x) \doteqdot P_{n-1}(x) \, .$$

Der Fehler dieses Näherungswertes beträgt $- R_n$, sein größter Wert kann durch eine Schätzung, wie soeben geschildert, beurteilt werden. Dabei wird es zumeist nur auf den absoluten Wert ankommen.

Hieraus erklärt sich nunmehr der für $P_{n-1}(x)$ in **9** eingeführte Name **Ersatzpolynom**. Dieses Polynom ist also nach dem Bau der Interpolationsformel dasjenige Polynom höchstens vom $n - 1$-ten Grade, das an den Stellen $x_1, x_2, \ldots, x_n$, den sogenannten **Interpolationsstellen**, dieselben Werte wie die anzunähernde Funktion $f(x)$, also die Werte $f(x_1), f(x_2), \ldots, f(x_n)$, annimmt.

Zur Aufstellung des Ersatzpolynoms ist theoretisch jedes Verfahren, die NEWTONsche Interpolationsformel (17) oder der Steigungsspiegel (18), die LAGRANGEsche Interpolationsformel (27), das Ansatzverfahren (28) und die Determinantendarstellung (29) verwendbar.

Diese Ersetzung einer beliebigen Funktion durch ein Polynom, das als Näherung dient, wird nun ebenfalls, in weiterm Sinn, **Interpolation** genannt; die Berechnung des Wertes des Polynoms, die Interpolation im Sinne des § 3, ist hierin mit einbegriffen. Diese Bedeutung des Wortes Interpolation ist die häufigste und an sie ist, wenn von Interpolation schlechthin die Rede ist, in erster Linie zu denken (siehe auch noch **32**).

Indem man dem Wort Parabel eine allgemeinere Bedeutung beilegt, nennt man Kurven mit einer Gleichung $y = P_{n-1}(x)$ Parabeln. Die

Benennung knüpft an den Fall $n = 3$, $y = P_2(x)$, an. Diese Kurve ist bekanntlich eine (gewöhnliche oder APOLLONische) Parabel, deren Axe zur Ordinatenaxe parallel läuft. Zur Unterscheidung kann man in den andern Fällen von allgemeinen oder, im Falle $n \geqq 4$, von höheren Parabeln oder Parabeln höherer Ordnung sprechen. In der Tat ist $n - 1$ die Ordnung der Kurve im üblichen Sinne. Will man die Benennung auf die Fälle $n = 2$ und 1 übertragen, so muß man als Parabel erster Ordnung eine zur Abszissenaxe geneigte und als Parabel nullter Ordnung eine zur Aszissenaxe parallele Gerade gelten lassen; in dem letzten Fall ist die Ordnung nicht mit der Ordnung im Sinne der Geometrie im Einklang.

Hiernach wird das vorhin beschriebene Verfahren der Ersetzung einer Funktion durch ein Polynom $\overline{n - 1}$-ten Grades noch genauer **parabolische Interpolation** $\overline{n - 1}$**-ter Ordnung** genannt. Für die niedrigsten Grade $n - 1 = 1, 2, 3, 4$ hat man die bequemen Namen **lineare, quadratische, kubische, biquadratische Interpolation**.

In noch allgemeinerem Sinne kann man das Wort Interpolation verwenden, um die Annäherung einer Funktion durch eine andre Funktion von bestimmtem Bau, die aber kein Polynom ist, zu bezeichnen. Die zur Annäherung verwendete Funktion kann etwa eine gebrochene Funktion oder eine Summe von Sinus und Kosinus der Vielfachen des Arguments, wie bei den FOURIERschen Entwicklungen, oder eine Exponentialfunktion oder eine Summe von mehreren Exponentialfunktionen und dgl. sein. Auch die Art, wie die zur Annäherung dienende Funktion bestimmt wird, kann noch sehr verschieden gewählt werden.

32. Lineare Interpolation. Der einfachste und wichtigste Fall der parabolischen Interpolation ist (wenn man von dem Fall der Interpolation nullten Grades absieht, vgl. **43**) die lineare Interpolation. Hier ist $n = 2$. Die Interpolationsformel mit Restglied **(11)** lautet:

$$f(x) = f(x_1) + (x - x_1)\, f(x_1, x_2) + (x - x_1)(x - x_2)\, \frac{f''(\xi)}{2}.$$

Das Ersatzpolynom

$$P_1(x) = f(x_1) + (x - x_1)\, f(x_1, x_2)$$

ist jenes lineare Polynom, das an den Stellen x_1 und x_2 dieselben **Werte** annimmt, wie die Funktion $f(x)$ selbst, also $f(x_1)$ und $f(x_2)$.

Man führe nun den Wert für die Steigung $f(x_1, x_2)$ ein:

$$f(x_1, x_2) = \frac{f(x_2) - f(x_1)}{x_2 - x_1}.$$

Eine kleine Umformung liefert

$$(*) \qquad P_1(x) = f(x_1) + \frac{x - x_1}{x_2 - x_1}\, [f(x_2) - f(x_1)].$$

Der Vorgang kann daher folgendermaßen beschrieben werden:

Man verschafft sich (etwa aus einer Tafel) die Werte der Funktion $f(x)$ an den Stellen x_1, x_2, bildet die Differenz $f(x_2) - f(x_1)$ („Tafeldifferenz"), multipliziert sie mit dem Verhältnis $\dfrac{x - x_1}{x_2 - x_1}$ und fügt das Produkt zu dem Funktionswert $f(x_1)$ hinzu. Man erkennt hierin genau den Vorgang, der für die Entnahme des Logarithmus einer Zahl, oder des Logarithmus einer Winkelfunktion aus den üblichen Tafeln vorgeschrieben wird. Der Name Interpolation für dieses Verfahren ist ja auch allgemein bekannt. Das Verfahren ist daher nicht etwa auf die Logarithmen beschränkt, sondern bei jeder Funktion anwendbar, wenn die Genauigkeit ausreicht.

33. Hilfsmittel zur linearen Interpolation. Zur Erleichterung der Rechnung nach der Formel der linearen Interpolation (*) in **32** enthalten die Tafeln manchmal die Tafeldifferenzen $f(x_2) - f(x_1)$ entweder alle oder wenigstens von Zeit zu Zeit, namentlich dann, wenn sie mehr als eine oder zwei Ziffern haben, so daß sie nicht leicht im Kopf gebildet werden können.

Sehr verbreitet ist die Beifügung der Produkte der Tafeldifferenzen mit den Faktoren 0.1, 0.2, ..., 0.9, um die Multiplikation beim Interpolieren zu ersparen oder wenigstens zu erleichtern (bei anderer als der Zehnteilung sind die Faktoren entsprechend zu wählen). Man spricht von Interpolationstafeln, Interpolationstäfelchen, Proportionaltäfelchen, Tafeln der Proportionalteile (auch wohl P. P. = partes proportionales). Sie sind Ausschnitte aus Produkttafeln, manchmal sind sie auch zu wirklichen Produkttafeln zusammengezogen; übrigens leistet jede Produkttafel denselben Dienst.

Viel bequemer als die Interpolationstafeln ist die Anwendung des Rechenschiebers; seine Genauigkeit reicht in den allermeisten Fällen aus, er ermöglicht es, alle Ziffern von $x - x_1$ auf einmal zu berücksichtigen und er gibt den Ausdruck $\dfrac{x - x_1}{x_2 - x_1}\,[f(x_2) - f(x_1)]$ sogar dann mit einer einzigen Einstellung, wenn $x_2 - x_1$ keine dekadische Einheit ist.

Weitere Einzelheiten über Interpolationstäfelchen enthält des Verfassers Zahlenrechnen, Leipzig und Berlin 1923, 136.

N 1

34. Genauigkeit der linearen Interpolation bei fünfstelligen Logarithmentafeln. Um ein Beispiel für die Abschätzung der Fehler bei der linearen Interpolation zu geben, werde der Fall der fünfstelligen Logarithmentafel behandelt: Eine solche enthält in den meisten Fällen die Mantissen der Logarithmen der Zahlen 1000 bis 10000. Um $\log x$ zu erhalten, bestimme man die ganzen Zahlen x_1 und $x_2 = x_1 + 1$, zwischen denen x liegt, entnehme man der Tafel die Werte $\log x_1$ und $\log x_2$ und berechne

$$\log x_1 + \frac{x - x_1}{x_2 - x_1}\,[\log x_2 - \log x_1].$$

Der Fehler wird durch das entgegengesetzt genommene Restglied angegeben:

$$- (x - x_1)(x - x_2)\frac{f''(\xi)}{2!}.$$

Nun ist

$$- (x - x_1)(x - x_2) = - (x - x_1)(x - x_1 - 1) = \overline{x - x_1}\,(1 - \overline{x - x_1}).$$

Setzt man für den Augenblick $x - x_1 = z$, so erkennt man, daß das Produkt $\overline{x - x_1}(1 - \overline{x - x_1}) = z(1 - z) = z - z^2$ seinen größten Wert annimmt, wenn die Ableitung $1 - 2z = 0$ ist, also für $z = \tfrac{1}{2}$; der größte Wert ist also $\tfrac{1}{2}(1 - \tfrac{1}{2}) = \tfrac{1}{4}$. Ferner ist

$$f(x) = \log x = 0{\cdot}43429 \ln x, \quad f'(x) = 0{\cdot}43429 \cdot \frac{1}{x},$$

$$f''(x) = -0{\cdot}43429 \cdot \frac{1}{x^2},$$

daher $f''(\xi) = -0{\cdot}43429\,\dfrac{1}{\xi^2}$. Der Bruch hat, absolut genommen, den größten Wert, wenn sein Nenner am kleinsten ist; der kleinste Wert von ξ ist x_1 und der kleinste Wert von x_1 ist 1000, also ist

$$|f''(\xi)| < 0{\cdot}43429 \cdot \frac{1}{10^6}.$$

Faßt man die Teilergebnisse zusammen, so ergibt sich, daß der Fehler beim Interpolieren negativ und absolut höchstens gleich

$$\frac{1}{4} \cdot 0{\cdot}43429 \cdot \frac{1}{10^6} \cdot \frac{1}{2} = 0{\cdot}00000005428$$

ist. Er beträgt also im ungünstigsten Falle, am untern Ende der Tafel und in der Mitte zwischen zwei Nachbarargumenten etwas mehr als eine halbe Einheit der siebenten Dezimalstelle, während der Fehler, der durch Abkürzung der Logarithmen auf fünf Dezimalstellen entsteht, bis zu einer halben Einheit der fünften Dezimalstelle aufsteigen kann.

35. Höhere Interpolation. Wenn die lineare Interpolation zu ungenau ist, so muß man auf quadratische, wenn nötig auf die kubische usw. Interpolation übergehen. Die Rechnung kann nach dem Steigungsspiegel geführt werden (18). Es handelt sich hier in erster Linie um Fälle, in denen einzelne Werte einer Funktion zur Verfügung stehen, etwa aus Beobachtungs- oder Versuchsreihen. Höhere Interpolationen bei Tafeln werden dagegen in den allermeisten Fällen nach einem einfacheren Verfahren durchgeführt werden können, worüber später in **67** gehandelt werden wird.

Der Vorgang möge noch an einem Beispiel gezeigt werden. Es sei festgestellt worden, daß zu den Argumenten 0·9, 1·4, 1·6 die Funktionswerte 0·75, 1·79, 2·04 gehören; es wird gefragt, welcher Funktionswert zum Argument 1 2 gehört. Aus drei Wertepaaren läßt sich ein quadratisches Polynom interpolieren; die Rechnung nach dem Steigungsspiegel ergibt:

oder ausführlicher (4):

```
0·9 | 0·75                              0·9 | 0·75
    |       2·08              0·5           |      1·04  2·08
1·4 | 1·79        -1·19        0·7     1·4 | 1·79             -0·83  -1·19
    |       1·25              0·2           |      0·25  1·25
1·6 | 2·04        -1·19       -0·2     1·6 | 2·04             0·24  -1·19
    |       1·49             -0·4           |     -0·60  1·49
1·2 | 1·44                             1·2 | 1·44
```

Zum Argument 1·2 gehört also der Funktionswert 1·44.

Bei Rechnungen dieser Art ist es wichtig, die Divisionen nicht zu ungenau zu machen, damit beim Multiplizieren bei der Rückrechnung die Fehler nicht zu groß werden.

36. Fragen der Genauigkeit. In Fällen dieser Art ist eine Aussage über die Genauigkeit der Interpolation nicht zu machen, da kein analytischer Ausdruck der Abhängigkeit zur Verfügung steht. Es kann auch kein Nachweis dafür erbracht werden, daß die Abhängigkeit durch ein Polynom befriedigend dargestellt wird, so etwa in der Aufgabe in **35** durch ein quadratisches Polynom, vielmehr kann man nur behaupten, daß ein quadratisches Polynom dasjenige ist, das am meisten Vertrauen verdient, weil es alle bekannten Wertepaare berücksichtigt. Man muß mit der Möglichkeit rechnen, daß die Kenntnis eines oder mehrerer neuer Wertepaare das Ergebnis abändert; das ist aber nicht anders, als in sonstigen Fällen, wo infolge Hinzukommens neuer Erfahrungstatsachen frühere Ergebnisse abgeändert werden müssen.

Sollten die vorhandenen Wertepaare durch ein Polynom geringeren Grades, als ihrer Anzahl entspricht, darstellbar sein, so gibt sich dies von selbst kund, indem die höheren Steigungen Null oder wenigstens so klein werden, daß sie keinen Einfluß haben. Ein solcher Umstand kann als eine Rechtfertigung des Interpolationsverfahrens angesehen werden.

37. Bestimmung eines Extrems aus drei Beobachtungen. In den Anwendungen kommt oft die Aufgabe vor, die Zeit des Eintritts eines Extrems (z. B. der Kulmination eines Gestirns) festzustellen. Will oder kann man nicht unausgesetzt beobachten, so kann man in der Nähe der vermuteten Zeit drei Messungen machen. Zu den Zeiten t_1, t_2, t_3 habe die beobachtete Größe die Werte u_1, u_2, u_3. Nun kann man u quadratisch interpolieren. Nach der Determinantendarstellung in **29** erhält man

$$u = - \frac{\begin{vmatrix} 0 & t^2 & t & 1 \\ u_1 & t_1^2 & t_1 & 1 \\ u_2 & t_2^2 & t_2 & 1 \\ u_3 & t_3^2 & t_3 & 1 \end{vmatrix}}{\begin{vmatrix} t_1^2 & t_1 & 1 \\ t_2^2 & t_2 & 1 \\ t_3^2 & t_3 & 1 \end{vmatrix}}$$

Von diesem Polynom ist nun die Ableitung zu bilden und gleich Null zu setzen (der Nenner kann dabei außer Betracht bleiben)

$$\begin{vmatrix} u_1 & t_1 & 1 \\ u_2 & t_2 & 1 \\ u_3 & t_3 & 1 \end{vmatrix} \cdot 2t - \begin{vmatrix} u_1 & t_1^2 & 1 \\ u_2 & t_2^2 & 1 \\ u_3 & t_3^2 & 1 \end{vmatrix} = 0 .$$

Hieraus folgt als angenäherte Zeit für den Eintritt des Extrems:

$$t = \frac{\begin{vmatrix} u_1 & t_1^2 & 1 \\ u_2 & t_2^2 & 1 \\ u_3 & t_3^2 & 1 \end{vmatrix}}{2 \begin{vmatrix} u_1 & t_1 & 1 \\ u_2 & t_2 & 1 \\ u_3 & t_3 & 1 \end{vmatrix}} = \frac{(t_2^2 - t_3^2)\, u_1 + (t_3^2 - t_1^2)\, u_2 + (t_1^2 - t_2^2)\, u_3}{2\,[(t_2 - t_3)\, u_1 + (t_3 - t_1)\, u_2 + (t_1 - t_2)\, u_3]} .$$

§ 5. Die parabolische Quadratur.

38. Anwendung der Interpolation auf die angenäherte Quadratur.
Eine der wichtigsten Anwendungen der Interpolation als Näherungsverfahren ist die auf die Berechnung von bestimmten Integralen. Da
die geometrische Bedeutung eines bestimmten Integrals $\int\limits_a^b f(x)\,dx$ der
Inhalt der Fläche des Flächenstücks zwischen der Abszissenachse, der
Kurve $y = f(x)$ und den Ordinaten bei a und b (die sich auch auf Punkte
zusammenziehen können) ist und die Ausmessung eines Flächenstücks
mit dem Wort Quadratur bezeichnet wird, so verwendet man diese Benennung, auch ohne daß auf die geometrische Deutung Gewicht gelegt
wird, im Sinne der Auswertung eines bestimmten Integrals.

Die praktische Wichtigkeit derartiger Näherungsverfahren folgt
daraus, daß das zunächst in Betracht kommende Verfahren, den Wert
des bestimmten Integrals auf dem Weg über das unbestimmte Integral
nach dem Hauptsatz der Integralrechnung zu bestimmen, in vielen
Fällen dadurch unbrauchbar ist, daß das unbestimmte Integral auf höhere Funktionen führt, die der Berechnung nicht recht zugänglich sind.
Es kommt hier und da auch vor, daß das unbestimmte Integral zwar
durch die elementaren Funktionen ausdrückbar, der Ausdruck aber
sehr verwickelt ist, so daß man die Ausrechnung zu vermeiden trachtet.

In derartigen Fällen kann man die Näherungen, wie sie die Inter-
polationsverfahren liefern, verwerten, wenn erstens die Ungenauigkeit
so gering ist, daß sie in den Kauf genommen werden kann, zweitens die
Berechnung des Integrals der Näherungsfunktion keine Schwierigkeit
macht.

39. Parabolische Quadratur. Die parabolische Interpolation nach
§ 4 hat den Vorteil, daß die dabei auftretenden Näherungsfunktionen
jedenfalls sehr leicht zu integrieren sind, weil es sich um Polynome
handelt. Man nennt dieses Näherungsverfahren die **parabolische
Quadratur.**

Wenn man die Interpolationsformel mit Restglied aus **11**

$$f(x) = P_{n-1}(x) + R_n$$

von a bis b integriert, so erhält man

$$\int\limits_a^b f(x)\,dx = \int\limits_a^b P_{n-1}(x)\,dx + \int\limits_a^b R_n\,dx.$$

Der erste Summand auf der rechten Seite läßt sich ohne Schwierigkeit ausrechnen und gibt den Näherungswert

$$(*) \qquad \int\limits_a^b f(x)\,dx \doteq \int\limits_a^b P_{n-1}(x)\,dx.$$

Für einen Integranden $f(x)$, der selbst ein Polynom höchstens vom
$n-1$-ten Grad ist, muß die Formel den genauen Integralwert liefern.

Setzt man für $P_{n-1}(x)$ seinen Wert (**) aus 9 ein, so erhält man

$$\int_a^b P_{n-1}(x)\,dx = f(x_1)\int_a^b dx + f(x_1, x_2)\int_a^b (x - x_1)\,dx +$$

$$+ f(x_1, x_2, x_3)\int_a^b (x - x_1)(x - x_2)\,dx +$$

$$+ f(x_1, x_2, x_3, x_4)\int_a^b (x - x_1)(x - x_2)(x - x_3)\,dx + \cdots +$$

$$+ f(x_1, x_2, \ldots, x_n)\int_a^b (x - x_1)(x - x_2)\ldots(x - x_{n-1})\,dx.$$

Der Näherungswert ist also eine Linearform der Steigungen $f(x_1)$, $f(x_1, x_2)$, $f(x_1, x_2, x_3)$, $\ldots$, $f(x_1, x_2, \ldots, x_n)$. Sind die Interpolationsstellen x_1, x_2, $\ldots$, x_n alle verschieden, so ist (nach 6) jede Steigung ihrerseits wieder eine Linearform der Funktionswerte $f(x_1)$, $f(x_2)$, $\ldots$, $f(x_n)$ (die nicht immer alle vorkommen). Also ist $\int_a^b P_{n-1}(x)\,dx$ selbst eine Linearform dieser Werte, etwa

$$\int_a^b P_{n-1}(x)\,dx = C_1 f(x_1) + C_2 f(x_2) + \cdots + C_n f(x_n).$$

Stellt man $P_{n-1}(x)$ durch die Lagrangesche Interpolationsformel (27) dar:

$$P_{n-1}(x) = \frac{(x - x_2)(x - x_3)\ldots(x - x_n)}{(x_1 - x_2)(x_1 - x_3)\ldots(x_1 - x_n)} f(x_1) +$$

$$+ \frac{(x - x_1)(x - x_3)\ldots(x - x_n)}{(x_2 - x_1)(x_2 - x_3)\ldots(x_2 - x_n)} f(x_2) + \cdots + \frac{(x - x_1)(x - x_2)\ldots(x - x_{n-1})}{(x_n - x_1)(x_n - x_2)\ldots(x_n - x_{n-1})} f(x_n),$$

so ergeben sich für die Koeffizienten C die Formeln

$$C_1 = \int_a^b \frac{(x - x_2)(x - x_3)\ldots(x - x_n)}{(x_1 - x_2)(x_1 - x_3)\ldots(x_1 - x_n)}\,dx, \quad C_2 = \int_a^b \frac{(x - x_1)(x - x_3)\ldots(x - x_n)}{(x_2 - x_1)(x_2 - x_3)\ldots(x_2 - x_n)}\,dx, \ldots,$$

$$C_n = \int_a^b \frac{(x - x_1)(x - x_2)\ldots(x - x_{n-1})}{(x_n - x_1)(x_n - x_2)\ldots(x_n - x_{n-1})}\,dx.$$

Sind die Interpolationsstellen nicht alle verschieden, so treten nach 13, wenn z. B. $x_2 = x_1$ ist, an die Stelle der beiden Summanden $C_1 f(x_1) + C_2 f(x_2)$ zwei Summanden $C_1 f(x_1) + C_2 f'(x_1)$, wenn $x_2 = x_1$ und $x_3 = x_1$ ist, an die Stelle der drei Summanden $C_1 f(x_1) + C_2 f(x_2) + C_3 f(x_3)$ drei Summanden $C_1 f(x_1) + C_2 f'(x_1) + C_3 f''(x_1)$ und ähnlich.

40. Fehler der parabolischen Quadratur. Die Verbesserung (d i. der entgegengesetzte Fehler) der Näherungsformel (*) in 39 wird durch

$$(*) \qquad \int_a^b R_n\,dx = \int_a^b (x - x_1)(x - x_2)\ldots(x - x_n)\frac{f^{(n)}(\xi)}{n!}\,dx$$

gegeben. Eine Ausrechnung dieses Ausdrucks ist nicht möglich, da ξ in einer nicht zu übersehenden Weise von x abhängt. Unter gewissen Voraussetzungen kann aber eine Abschätzung gegeben werden.

Nach **31** ist ξ ein Wert in dem von $x, x_1, x_2, \ldots, x_n$ bestimmten Spielraum; x durchläuft das Integrationsgebiet von a bis b. Die Interpolationsstellen $x_1, x_2, \ldots, x_n$ werden beim praktischen Rechnen stets im Spielraum $a \leftrightarrow b$ (einschließlich der Grenzen) gewählt werden. Dies soll also künftig vorausgesetzt werden. Dann ist also ξ sicherlich im Spielraum $a \leftrightarrow b$ enthalten.

Es sei $K^{(n)}$ der kleinste, $G^{(n)}$ der größte Wert von $f^{(n)}(x)$ in $a \leftrightarrow b$, so daß die Doppelungleichung

$$K^{(n)} \ll f^{(n)}(\xi) \ll G^{(n)}$$

gilt.

Ist nun das Produkt $(x - x_1)(x - x_2) \ldots (x - x_n)$ in $a \leftrightarrow b$ niemals negativ, so kann man die Doppelungleichung damit multiplizieren:

$$K^{(n)}(x - x_1)(x - x_2) \ldots (x - x_n) \ll (x - x_1)(x - x_2) \ldots (x - x_n) f^{(n)}(\xi) \ll$$
$$\ll G^{(n)}(x - x_1)(x - x_2) \ldots (x - x_n).$$

Integriert man nun von a bis b, so folgt

$$K^{(n)} \int_a^b (x - x_1)(x - x_2) \ldots (x - x_n)\,dx \ll \int_a^b (x - x_1)(x - x_2) \ldots (x - x_n) f^{(n)}(\xi)\,dx$$
$$\ll G^{(n)} \int_a^b (x - x_1)(x - x_2) \ldots (x - x_n)\,dx.$$

Dividiert man schließlich durch $n!$ und zieht (*) heran, so ergibt sich

$$\frac{K^{(n)}}{n!} \int_a^b (x - x_1)(x - x_2) \ldots (x - x_n)\,dx \ll$$
$$\ll \int_a^b R_n\,dx \ll \frac{G^{(n)}}{n!} \int_a^b (x - x_1)(x - x_2) \ldots (x - x_n)\,dx.$$

Die Formel sagt aus: Die Verbesserung $\int_a^b R_n\,dx$ ist gleich dem Ausdruck $\frac{1}{n!} \int_a^b (x - x_1)(x - x_2) \ldots (x - x_n)\,dx$ multipliziert mit einem Faktor, der zwischen $K^{(n)}$ und $G^{(n)}$ liegt. Ist $f^{(n)}(x)$ eine stetige Funktion, so ist dieser Faktor jedenfalls ein Wert $f^{(n)}(\bar\xi)$ an irgend einer (nicht näher bekannten) Stelle $\bar\xi$. Also gilt

$$(**) \qquad \int_a^b R_n\,dx = \frac{f^{(n)}(\bar\xi)}{n!} \int_a^b (x - x_1)(x - x_2) \ldots (x - x_n)\,dx.$$

Ist das Produkt $(x - x_1)(x - x_2) \ldots (x - x_n)$ in $a \leftrightarrow b$ niemals positiv, so kehren sich zwar alle Ungleichheitszeichen um, der letzte

Schluß behält aber seine Gültigkeit. Die Abschätzung (**) gilt also, wenn das Produkt $(x - x_1)(x - x_2) \ldots (x - x_n)$ in $a \leftrightarrow b$ nicht Werte verschiedenen Vorzeichens annimmt, kurz gesagt, vorzeichenbeständig ist.

Setzt man noch

$$\frac{1}{n!}\int\limits_a^b (x - x_1)(x - x_2) \ldots (x - x_n)\,d\,x = D,$$

so erhält das Verbesserungsglied die kurze Form

$$D \cdot f^{(n)}(\bar{\xi}).$$

Die Einschränkung, daß das Produkt $(x - x_1)(x - x_2) \ldots (x - x_n)$ in $a \leftrightarrow b$ vorzeichenbeständig sein muß, ist recht einschneidend. Da jeder Faktor $x - x_\nu$ an der Stelle x_ν sein Vorzeichen wechselt, so tritt ein Vorzeichenwechsel bei dem Produkt nur dann nicht ein, wenn entweder x_ν gleich a oder b ist, oder wenn der Faktor $x - x_\nu$ doppelt vorkommt, weil sein Quadrat nicht negativ wird. Um also die Abschätzung nach (**) zu ermöglichen, müssen die Interpolationsstellen $x_1, x_2, \ldots, x_n$ entweder an den Rand verlegt oder paarweise gleich genommen werden. Unter dieser Voraussetzung erhält man daher Formeln von folgendem Bau für die angenäherte Quadratur:

$$(***) \qquad \int\limits_a^b f(x)\,dx = C_1 f(x_1) + C_2 f(x_2) + \cdots + C_n f(x_n) + D \cdot f^{(n)}(\bar{\xi}).$$

Hiebei ist die Bemerkung am Ende von **39** anzuwenden.

Übrigens muß erwähnt werden, daß die Verfolgung des Laufes der Funktion $f^{(n)}(x)$, namentlich bei höheren Werten von n, oft eine recht mühsame Arbeit ist, so daß man sich doch unter Umständen mit der Berechnung des Näherungswertes zufrieden geben wird. Ist der Integrand $f(x)$ etwa nur tabellarisch gegeben, so bleibt von vornherein nichts andres übrig.

41. Unterteilung des Integrationsspielraums. Um die Genauigkeit der Formeln der angenäherten Quadratur zu erhöhen, kann man den Integrationsspielraum $a \leftrightarrow b$ in Teile teilen und die Näherungsformeln auf jeden Teil anwenden. Obwohl man so mehrere Verbesserungsglieder erhält, wird doch die Abschätzung vermöge der Verkleinerung des Integrationsspielraums günstiger. In der geometrischen Veranschaulichung entspricht dieser Maßregel eine Zerschneidung des auszumessenden Flächenstücks in **Streifen**, die einzeln angenähert werden.

Man verwendet auf diese Art eine größere Zahl von Interpolationsstellen; dies könnte auch zur Erhöhung des Grades $n - 1$ des Ersatzpolynoms ausgenützt werden, doch sind die Formeln wenig handlich, so daß sich der vorhin beschriebene Vorgang, obwohl er theoretisch weniger vollkommen ist, mehr empfiehlt; auch die Fehlerabschätzung ist so leichter möglich.

Es ist nicht notwendig, die Teile des Spielraums $a \leftrightarrow b$ einander gleich zu wählen, doch wird beim praktischen Rechnen kaum jemals eine andre Wahl getroffen werden. Es möge daher nur dieser Fall betrachtet werden. Der Spielraum $a \leftrightarrow b$ möge in m Teile von der Länge h geteilt werden, dann ist

$$b - a = mh$$

und die Argumente für die Teilungspunkte lauten

$$a,\ a + h,\ a + 2h,\ \ldots,\ a + \overline{m - 1}\,h = b - h,\ a + mh = b.$$

Bei der Zusammenfassung der Verbesserungsglieder ist ein Hilfssatz wertvoll, der daher hier vorausgenommen werden soll. Ist $\bar{\xi}_1$ im ersten Teilstück $a \leftrightarrow a + h$, $\bar{\xi}_2$ im zweiten Teilstück $a + h \leftrightarrow a + 2h$, $\ldots$, endlich $\bar{\xi}_m$ im letzten Teilstück $b - h \leftrightarrow b$ enthalten, so gehören diese Werte auch (unter Verzicht auf diese genaueren Kenntnisse) dem Spielraum $a \leftrightarrow b$ an und es ist daher mit den Bezeichnungen aus **40**

$$K^{(n)} \lessgtr f^{(n)}\,(\bar{\xi}_1) \lessgtr G^{(n)}$$
$$K^{(n)} \lessgtr f^{(n)}\,(\bar{\xi}_2) \lessgtr G^{(n)}$$
$$\cdots \cdots \cdots \cdots$$
$$K^{(n)} \lessgtr f^{(n)}\,(\bar{\xi}_m) \lessgtr G^{(n)}$$

Addition aller dieser Doppelungleichungen ergibt

$$m\,K^{(n)} \lessgtr f^{(n)}\,(\bar{\xi}_1) + f^{(n)}\,(\bar{\xi}_2) + \cdots + f^{(n)}\,(\bar{\xi}_m) \lessgtr m\,G^{(n)}.$$

Hieraus folgt, daß die Summe in der Mitte gleich ist dem Produkt aus m mit einer Zahl zwischen $K^{(n)}$ und $G^{(n)}$, also wie in **40** mit $f^{(n)}(\varXi)$, wo $\varXi$ wieder in $a \leftrightarrow b$ enthalten ist:

$$f^{(n)}\,(\bar{\xi}_1) + f^{(n)}\,(\bar{\xi}_2) + \cdots + f^{(n)}\,(\bar{\xi}_m) = m\,f^{(n)}\,(\varXi).$$

42. Vorgang bei der Aufstellung der verschiedenen Quadraturformeln. Im folgenden werden nun einige einfachere und häufig angewendete Formeln der parabolischen Quadratur aufgestellt werden.

Hiebei ist zuerst die Zahl n der Interpolationsstellen zu wählen, womit der Grad $n - 1$ der Interpolation gegeben ist. Sodann ist, unter Bedacht auf die Einschränkungen in **40**, die Auswahl der Interpolationsstellen zu treffen. Nunmehr sind, um die Quadraturformel nach (***) in **40** aufstellen zu können, die Koeffizienten $C_1, C_2, \ldots, C_n$ und D zu bestimmen. Schließlich wird nach **41** die Erweiterung der Formeln für die Unterteilung des Spielraums angegeben.

43. Die Rechtecksformeln. Der kleinste Wert der Anzahl n der Interpolationsstellen ist 1; ihm entspricht die Interpolation nullten Grades: an Stelle von $f(x)$ wird der feste Wert $f(x_1)$ gesetzt. So roh diese Interpolation ist, so hat sie hier doch ihre Bedeutung. Die Interpolationsformel lautet

$$f(x) = P_0(x) + R_1 = f(x_1) + (x - x_1)\,f(\xi).$$

Nach den Einschränkungen in **40** kann für x_1 entweder a oder b genommen werden. Im ersten Fall ist

$$f(x) = f(a) + (x - a)\,f(\xi).$$

Integration von a bis b ergibt nach **39** und **40**

$$\int_a^b f(x)\, dx = f(a) \int_a^b dx + f'(\bar\xi) \int_a^b (x-a)\, dx .$$

Die beiden Integrale sind leicht zu bilden

$$(*) \qquad \int_a^b dx = b-a, \quad \int_a^b (x-a)\, dx = \left[\frac{(x-a)^2}{2}\right]_a^b = \frac{(b-a)^2}{2} .$$

Also lautet die Quadraturformel

$$(**) \qquad \int_a^b f(x)\, dx = (b-a)\, f(a) + \frac{(b-a)^2}{2} f'(\bar\xi) .$$

Im zweiten Fall ist das Ergebnis ganz ähnlich:

$$f(x) = f(b) + (x-b)\, f'(\xi)$$

$$\int_a^b f(x)\, dx = f(b) \int_a^b dx + f'(\bar{\bar\xi}) \int_a^b (x-b)\, dx$$

$$\int_a^b dx = b-a, \quad \int_a^b (x-b)\, dx = \left[\frac{(x-b)^2}{2}\right]_a^b = -\frac{(a-b)^2}{2} = -\frac{(b-a)^2}{2}$$

$$(***) \qquad \int_a^b f(x)\, dx = (b-a)\, f(b) - \frac{(b-a)^2}{2} f'(\bar{\bar\xi}) .$$

Die Argumente bei f' in (**) und (***) sind verschieden bezeichnet: $\bar\xi$ und $\bar{\bar\xi}$, um hervorzuheben, daß sie nicht etwa übereinstimmen müssen.

Die beiden Formeln (**) und (***) haben eine einfache geometrische Bedeutung. An Stelle der Begrenzungskurve $y = f(x)$ des durch $\int_a^b f(x)\, dx$ dargestellten Flächenstücks tritt bei der ersten die durch den linken, bei der zweiten die durch den rechten Randpunkt der Kurve gezogene Parallele zur Abszissenaxe. Als Näherung für das Flächenstück dient also in beiden Fällen ein Rechteck, aus diesem Grund werden die beiden Formeln **Rechtecksformeln** genannt.

Auch bei andern Werten von x_1 würde eine Rechtecksformel entstehen, nur fehlt die Möglichkeit der Abschätzung nach **40**.

Die Rechtecksformeln sind wenig genau, dagegen haben sie den Vorteil, daß der richtige Wert des Integrals zwischen den beiden Näherungswerten eingeschlossen wird.

Hierbei ist vorausgesetzt, daß $f'(x)$ in $a \longleftrightarrow b$ sein Vorzeichen nicht wechselt. Man erkennt leicht, daß bei positivem $f'(x)$ der erste Näherungswert zu klein, der zweite zu groß ist. Die geometrische Veranschaulichung bestätigt dies: die Kurve $y = f(x)$ steigt von links nach rechts an, das Rechteck mit der Parallele durch den linken Randpunkt ist zu klein, das andere zu groß. Bei negativem $f'(x)$ ist alles umgekehrt.

Führt man nun noch die Unterteilung des Integrationsspielraums nach den Gedanken in **41** durch, so hat man die Formeln auf die Teilstücke $a \leftrightarrow a + h$, $a + h \leftrightarrow a + 2h$, ..., $b - h \leftrightarrow b$ anzuwenden. Zunächst die Formel (**):

$$\int_a^{a+h} f(x)\,dx = h f(a) + \frac{h^2}{2} f'(\bar{\xi}_1)$$

$$\int_{a+h}^{a+2h} f(x)\,dx = h f(a+h) + \frac{h^2}{2} f'(\bar{\xi}_2)$$

$$\cdot \quad \cdot \quad \cdot \quad \cdot \quad \cdot \quad \cdot \quad \cdot \quad \cdot \quad \cdot \quad \cdot$$

$$\int_{b-h}^{b} f(x)\,dx = h f(b-h) + \frac{h^2}{2} f'(\bar{\xi}_m).$$

Addiert man, so ergibt sich

$$\int_a^b f(x)\,dx = h\,[f(a) + f(a+h) + \cdots + f(b-h)] +$$

$$+ \frac{h^2}{2}\,[f'(\bar{\xi}_1) + f'(\bar{\xi}_2) + \cdots + f'(\bar{\xi}_m)].$$

Auf das Verbesserungsglied kann nun der Hilfssatz in **41** angewendet werden, wodurch es in

$$m\,\frac{h^2}{2} f'(\bar{\bar{\Xi}})$$

übergeht. Hierin kann man noch $h = \dfrac{b-a}{m}$ einführen und einen Faktor m kürzen, wodurch das Verbesserungsglied die Gestalt

$$\frac{(b-a)^2}{2\,m} f'(\bar{\bar{\Xi}})$$

annimmt.

Die Rechnung mit der Formel (***) verläuft fast genau so, nur daß statt der Argumente a, $a + h$, ..., $b - h$ diesmal die Argumente $a + h$, $a + 2h$, ..., $b - h$, b auftreten und die Verbesserungsglieder Minuszeichen aufweisen.

Man erhält demnach folgendes Paar von Rechtecksformeln mit Unterteilung des Spielraums:

$$\int_a^b f(x)\,dx = h\,[f(a) + f(a+h) + \cdots + f(b-h) \qquad] + \frac{m\,h^2}{2} f'(\bar{\bar{\Xi}})$$

und

$$\int_a^b f(x)\,dx = h\,[\qquad f(a+h) + \cdots + f(b-h) + f(b)] - \frac{m\,h^2}{2} f'(\bar{\bar{\Xi}})$$

oder mit der andern Gestalt des Verbesserungsgliedes

$$\int_a^b f(x)\,dx = h\,[f(a) + f(a+h) + \cdots + f(b-h) \qquad] + \frac{(b-a)^2}{2\,m} f'(\bar{\bar{\Xi}})$$

und

$$\int_a^b f(x)\,dx = h\,[\qquad f(a+h) + \cdots + f(b-h) + f(b)] - \frac{(b-a)^2}{2\,m} f'(\bar{\bar{\Xi}}).$$

Die letzten beiden Formeln lassen erkennen, daß durch eine Vervielfachung der Streifenzahl die Unsicherheit auf den ebensovielten Teil verringert wird; die Mehrarbeit, die dadurch verursacht wird, bringt eine Vergrößerung der Genauigkeit mit sich.

Hiebei ist noch folgendes zu beachten. Ist eine Formel mit einer geringeren Unsicherheit behaftet als eine andre, so folgt daraus noch nicht, daß der nach ihr berechnete Näherungswert näher an dem richtigen Wert liegen muß als der andere, wenn dies auch im allgemeinen eintreten wird. Ein richtiges Urteil ermöglicht immer nur die Betrachtung der von den Näherungsformeln gelieferten Spielräume.

44. Die Sehnentrapezformel. Man wähle nun $n = 2$, also eine lineare Interpolation für $f(x)$. Nach den Einschränkungen in **40** kann man entweder $x_1 = a$ und $x_2 = b$ oder $x_1 = x_2$ wählen. Zunächst soll die erste Wahl behandelt werden, die zweite folgt in **45**.

Die Interpolationsformel mit $x_1 = a$ und $x_2 = b$ lautet

$$f(x) = P_1(x) + R_2 = f(a) + (x-a)\,f(a,b) + (x-a)(x-b)\,\frac{f''(\xi)}{2}.$$

Integration von a bis b ergibt nach **39** und **40**

$$\int_a^b f(x)\,dx = f(a)\int_a^b dx + f(a,b)\int_a^b (x-a)\,dx + \frac{f''(\bar\xi)}{2}\int_a^b (x-a)(x-b)\,dx.$$

Die ersten beiden Integrale kommen in **43** (*) vor, das dritte ist

$$\int_a^b (x-a)(x-b)\,dx = \int_{x=a}^{x=b} (x-a)\,(\overline{x-a}-\overline{b-a})\,d(x-a)$$

$$= \int_{x=a}^{x=b} [(x-a)^2 - \overline{b-a}\,(x-a)]\,d(x-a) = \left[\frac{(x-a)^3}{3} - \overline{b-a}\,\frac{(x-a)^2}{2}\right]_a^b$$

$$= \frac{(b-a)^3}{3} - \overline{b-a}\,\frac{(b-a)^2}{2} = -\frac{(b-a)^3}{6}.$$

Also lautet die Quadraturformel, wenn sogleich $\dfrac{f(b)-f(a)}{b-a}$ für $f(a,b)$ eingesetzt wird,

$$\int_a^b f(x)\,dx = f(a)(b-a) + \frac{f(b)-f(a)}{b-a}\cdot\frac{(b-a)^2}{2} + \frac{f''(\bar\xi)}{2}\cdot -\frac{(b-a)^3}{6}$$

$$= (b-a)\left[f(a) + \frac{1}{2}f(b) - \frac{1}{2}f(a)\right] - \frac{(b-a)^3}{12}\,f''(\bar\xi)$$

oder schließlich

$$(*)\qquad \int_a^b f(x)\,dx = (b-a)\,\frac{f(a)+f(b)}{2} - \frac{(b-a)^3}{12}\,f''(\bar\xi).$$

Die geometrische Bedeutung des Näherungswertes $(b-a)\dfrac{f(a)+f(b)}{2}$ ergibt sich daraus, daß die Begrenzungskurve $y = f(x)$ hier durch die Gerade ersetzt ist, die durch den linken und den rechten Randpunkt der Kurve hindurchgeht, also durch die Sehne der Kurve. Die Ersatzfläche ist also ein Trapez. Damit stimmt der Bau der Formel überein, da $b-a$ die Höhe und $f(a)$ und $f(b)$ die Parallelseiten des Trapezes sind. Die For-

mel (*) wird aus diesem Grunde die **Sehnentrapezformel**, auch
kürzer Sehnenformel oder **Trapezformel** genannt.

Je nachdem $f''(x)$ in $a \leftrightarrow b$ positiv oder negativ ist, ist das Verbesserungsglied
negativ oder positiv, also der Näherungswert, den die Sehnentrapezformel liefert,
zu groß oder zu klein. Die geometrische Deutung liefert dasselbe: je nach den beiden
Fällen ist $y = f(x)$ nach oben oder nach unten hohl, das Trapez also größer oder
kleiner als das Flächenstück. Wechselt $f''(x)$ in $a \leftrightarrow b$ sein Vorzeichen, hat die
Kurve $y = f(x)$ also in diesem Stück einen Wendepunkt, so ist keine allgemeine
Aussage möglich.

Nun soll noch die Verfeinerung durch Unterteilung des Integrationsspielraums nach **41** behandelt werden. Die Sehnentrapezformel liefert
für die einzelnen Teilstücke:

$$\int_a^{a+h} f(x)\,dx = h\,\frac{f(a) + f(a+h)}{2} \qquad - \frac{h^3}{12} f''(\bar{\xi}_1)$$

$$\int_{a+h}^{a+2h} f(x)\,dx = h\,\frac{f(a+h) + f(a+2h)}{2} - \frac{h^3}{12} f''(\bar{\xi}_2)$$

$$\cdots \cdots \cdots \cdots$$

$$\int_{b-h}^{b} f(x)\,dx = h\,\frac{f(b-h) + f(b)}{2} \qquad - \frac{h^3}{12} f''(\bar{\xi}_m)\,.$$

Addiert man, so kann man die gleichen Funktionswerte zusammenziehen:

$$\int_a^b f(x)\,dx = h\left[\tfrac{1}{2} f(a) + f(a+h) + f(a+2h) + \cdots + f(b-h) + \tfrac{1}{2} f(b)\right] -$$

$$- \frac{h^3}{12}\left[f''(\bar{\xi}_1) + f''(\bar{\xi}_2) + \cdots + f''(\bar{\xi}_m)\right]\,.$$

Nach dem Hilfssatz in **40** kann das Verbesserungsglied in

$$- \frac{m\,h^3}{12} f''(\varXi)$$

verwandelt werden. Führt man noch $h = \dfrac{b-a}{m}$ ein, so wird daraus,
indem man einen Faktor m kürzt,

$$- \frac{(b-a)^3}{12\,m^2} f''(\varXi)\,.$$

Somit erhält man als Sehnentrapezformel mit Unterteilung

$$\int_a^b f(x)\,dx = h\left[\frac{f(a) + f(b)}{2} + f(a+h) + f(a+2h) + \cdots + f(b-h)\right] -$$

$$- \frac{m\,h^3}{12} f''(\varXi)$$

oder

$$\int_a^b f(x)\,dx = h\left[\frac{f(a) + f(b)}{2} + f(a+h) + f(a+2h) + \cdots + f(b-h)\right] -$$

$$- \frac{(b-a)^3}{12\,m^2} f''(\varXi)\,.$$

Die Zusammenziehung von $f(a)$ und $f(b)$ dient dem bequemen Rechnen, da so statt zweier Divisionen durch 2 nur eine notwendig ist.

Die zweite Gestalt des Verbesserungsgliedes zeigt, daß durch eine Vermehrung der Streifenzahl die Unsicherheit vermindert wird, und zwar wegen des Faktors m^2 im Nenner in höherem Maße als bei den Rechtecksformeln; wird z. B. die Anzahl der Streifen verdoppelt, so wird die im Verbesserungsglied enthaltene Unsicherheit auf ihren vierten Teil herabgemindert.

45. Die Tangententrapezformel. Nunmehr möge die zweite in **44** genannte Wahl bei der linearen Interpolation, nämlich $x_1 = x_2$, behandelt werden. Die Interpolationsformel lautet hier

$$(*) \quad f(x) = P_1(x) + R_2 = f(x_1) + (x - x_1) f'(x_1) + (x - x_1)^2 \frac{f''(\xi)}{2}.$$

Es ist dies einer der Fälle, in denen nach **15** die Interpolationsformel in die Taylorsche Entwicklung übergeht.

Integration von a bis b ergibt nach **39** und **40**

$$\int_a^b f(x)\,dx = f(x_1) \int_a^b dx + f'(x_1) \int_a^b (x - x_1)\,dx + \frac{f''(\bar{\xi})}{2} \int_a^b (x - x_1)^2\,dx.$$

Die ersten beiden darin auftretenden Integrale haben folgende Werte

$$\int_a^b dx = b - a,$$

$$\int_a^b (x - x_1)\,dx = \left[\frac{x^2}{2} - x_1 x\right]_a^b = \frac{b^2 - a^2}{2} - x_1(b - a) = (b - a)\left(\frac{a + b}{2} - x_1\right).$$

Hieraus folgt als Näherungswert

$$f(x_1)(b - a) + f'(x_1)(b - a)\left(\frac{a + b}{2} - x_1\right).$$

Diese Formel wird besonders einfach, wenn $\dfrac{a + b}{2} - x_1 = 0$, $x_1 = \dfrac{a + b}{2}$ genommen wird, denn dann fällt das Glied mit $f'(x_1)$ ganz heraus. Es möge daher diese Annahme verfolgt und dabei zur Vereinfachung der Rechnungen vorübergehend

$$\frac{a + b}{2} = c, \quad \frac{b - a}{2} = l$$

gesetzt werden, so daß $a = c - l$, $b = c + l$ ist.

Die Interpolationsformel lautet nun

$$f(x) = f(c) + (x - c) f'(c) + (x - c)^2 \frac{f''(\xi)}{2}.$$

Integration ergibt

$$\int_a^b f(x)\,dx = f(c) \int_a^b dx + f'(c) \int_a^b (x - c)\,dx + \frac{f''(\bar{\xi})}{2} \int_a^b (x - c)^2\,dx.$$

Zur Berechnung der Integrale, insbesondre des letzten, eignet sich die Substitution

$$x - \frac{a + b}{2} = x - c = t;$$

den Grenzen a und b für x entsprechen die Grenzen $-l$ und $+l$ für t. Man findet in Übereinstimmung mit dem Vorigen

$$\int_a^b (x - c)\, dx = \int_{-l}^{+l} t\, dt = \left[\frac{t^2}{2}\right]_{-l}^{+l} = 0,$$

ferner

$$\int_a^b (x - c)^2\, dx = \int_{-l}^{+l} t^2\, dt = \left[\frac{t^3}{3}\right]_{-l}^{+l} = \frac{2\,l^3}{3} = \frac{(b - a)^3}{12}$$

Also lautet die **Quadraturformel**

$$(**) \qquad \int_a^b f(x)\, dx = (b - a)\, f\left(\frac{a + b}{2}\right) + \frac{(b - a)^3}{24}\, f''(\bar{\xi}).$$

Fragt man nach der geometrischen Bedeutung des Näherungswertes, so kommt zunächst bei beliebigem x_1 die Interpolation (*) auf die Ersetzung der Kurve $y = f(x)$ durch ihre Tangente im Punkt $(x_1, f(x_1))$ hinaus. An Stelle des Flächenstücks tritt daher das Trapez, das durch die Tangente abgeschnitten wird. Bei der besondern Wahl $x_1 = c = \dfrac{a + b}{2}$ handelt es sich um die Tangente in jenem Punkt der Begrenzungskurve, der in der Mittellinie des Flächenstücks liegt. Man nennt daher die Formel (**) **Tangententrapezformel** oder kurz **Tangentenformel**.

Die besondre Wahl $x_1 = c$ bringt es aber mit sich, daß die Größe $f'(c)$, die die Richtung der Tangente bestimmt, herausfällt. Das Ergebnis ändert sich also nicht, wenn die Tangente um ihren Berührungspunkt gedreht wird. Diese Tatsache ist auch an der geometrischen Veranschaulichung zu bestätigen, da hierbei die Mittellinie des Trapezes unverändert bleibt.

Insbesondre kann die Begrenzung des Trapezes auch parallel zur Abszissenaxe gewählt werden. Das Trapez geht dann in ein Rechteck über; seine Breite ist $b - a$, seine Höhe $f\left(\dfrac{a + b}{2}\right)$. Die Formel (**) bestätigt dies. Die Tangententrapezformel hat also, obwohl sie auf die gute Annäherung durch die Tangente begründet ist, doch den einfachen Bau einer Rechtecksformel (43), mit andern Worten, es wird die Annäherung durch eine Interpolation erster Ordnung durch ein Verfahren, dessen Rechenarbeit nur einer Interpolation nullter Ordnung entspricht, erreicht. Hierin liegt ein besondrer Vorzug der Tangententrapezformel.

Je nachdem $f''(x)$ in $a \leftrightarrow b$ positiv oder negativ ist, ist das Verbesserungsglied positiv oder negativ, also der Näherungswert, den die Tangententrapezformel liefert, zu klein oder zu groß. Die geometrische Deutung liefert dasselbe: je nach den beiden Fällen ist $y = f(x)$ nach oben oder nach unten hohl, das Tangententrapez also kleiner oder größer als das Flächenstück. Wechselt $f''(x)$ in $a \leftrightarrow b$ sein Vorzeichen, hat die Kurve $y = f(x)$ also in diesem Stück einen Wendepunkt, so ist keine allgemeine Aussage möglich.

Ein Vergleich mit der Sehnentrapezformel (*) in **44** zeigt noch, daß die Abweichung der Tangententrapezformel das entgegengesetzte Vorzeichen der Abweichung der Sehnentrapezformel hat und im großen und ganzen (weil die Argumente $\bar\xi$ in den beiden Formeln nicht etwa dieselben sein müssen) halb so groß ist wie diese.

Dies ist im Einklang damit, daß Sehne und Tangente auf verschiedenen Seiten der Kurve liegen. Für ein quadratisches Polynom $f(x) = \alpha x^2 + \beta x + \gamma$ ist $f''(x) = 2\alpha$, also fest, und das angegebene Größenverhältnis trifft genau zu; hierin spiegelt sich eine bekannte Eigenschaft der Parabel wider.

Schließlich soll noch die Unterteilung des Spielraums (**41**) behandelt werden. Die Tangententrapezformel liefert für die einzelnen Teilstücke:

$$\int_a^{a+h} f(x)\,dx = h\,f\left(a + \frac{h}{2}\right) + \frac{h^3}{24}f''(\bar\xi_1)$$

$$\int_{a+h}^{a+2h} f(x)\,dx = h\,f\left(a + \frac{3h}{2}\right) + \frac{h^3}{24}f''(\bar\xi_2)$$

$$\cdots\cdots\cdots\cdots\cdots\cdots$$

$$\int_{b-h}^{b} f(x)\,dx = h\,f\left(b - \frac{h}{2}\right) + \frac{h^3}{24}f''(\bar\xi_m)\,.$$

Addition ergibt

$$\int_a^b f(x)\,dx = h\left[f\left(a + \frac{h}{2}\right) + f\left(a + \frac{3h}{2}\right) + \cdots + f\left(b - \frac{h}{2}\right)\right] +$$

$$+ \frac{h^3}{24}\left[f''(\bar\xi_1) + f''(\bar\xi_2) + \cdots + f''(\bar\xi_m)\right].$$

Nach dem Hilfssatz in **41** kann das Verbesserungsglied in

$$\frac{m\,h^3}{24}f''(\varXi)$$

verwandelt werden. Führt man noch $h = \dfrac{b-a}{m}$ ein, so wird daraus, indem man einen Faktor m kürzt,

$$\frac{(b-a)^3}{24\,m^2}f''(\varXi)\,.$$

Somit erhält man als Tangententrapezformel mit Unterteilung

$$\int_a^b f(x)\,dx = h\left[f\left(a + \frac{h}{2}\right) + f\left(a + \frac{3h}{2}\right) + \cdots + f\left(b - \frac{h}{2}\right)\right] + \frac{m\,h^3}{24}f''(\varXi)$$

oder

$$\int_a^b f(x)\,dx = h\left[f\left(a + \frac{h}{2}\right) + f\left(a + \frac{3h}{2}\right) + \cdots + f\left(b - \frac{h}{2}\right)\right] + \frac{(b-a)^3}{24\,m^2}f''(\varXi)\,.$$

Wie man sieht, verhält sich die Tangententrapezformel bei Vermehrung der Anzahl der Streifen ebenso wie die Sehnentrapezformel; es kann daher auf 44 verwiesen werden.

Man kann noch bemerken, daß die aufzuwendende Rechenarbeit bei der Sehnentrapezformel und bei der Tangententrapezformel ungefähr gleich groß ist. Die Tangententrapezformel ist aber, wie schon ausgeführt, genauer.

46. Parabolische Quadratur auf Grund quadratischer Interpolation. Die nächste Möglichkeit ist die, $n = 3$ zu wählen, also den Integranden $f(x)$ des Integrals $\int\limits_a^b f(x)dx$ durch ein quadratisches Polynom anzunähern. Nach den Einschränkungen in 40 sind die drei Interpolationsstellen x_1, x_2, x_3 entweder an den Rand, nach a oder b, zu verlegen oder paarweise gleich zu wählen. Man erkennt, daß eine symmetrische Verteilung im Spielraum $a \leftrightarrow b$ auf keinen Fall möglich ist. Aus diesem Grunde werden die Formeln, die sich auf die quadratische Interpolation aufbauen, kaum jemals angewendet, es soll daher von ihnen nicht weiter die Rede sein.

Man vergleiche im übrigen noch die Bemerkung am Schluß von 47.

47. Die Simpsonsche Formel. Die nächste Gradzahl für die Interpolation ist 3, sie entspricht der Annahme $n = 4$. Die vier Interpolationsstellen x_1, x_2, x_3, x_4 müssen wieder nach den Einschränkungen in 40 entweder an den Rand nach a oder b verlegt oder paarweise gleich gewählt werden. Ohne auf alle Möglichkeiten einzugehen, möge sogleich

$$x_1 = a, \quad x_2 = x_3 = \frac{a+b}{2} = c, \quad x_4 = b$$

gesetzt werden; hiebei ist auf die Bezeichnung aus 45:

$$\frac{a+b}{2} = c, \quad \frac{b-a}{2} = l; \quad a = c - l, \quad b = c + l$$

zurückgegriffen worden.

Die Interpolationsformel lautet

$$f(x) = P_3(x) + R_4,$$

hierin ist

$$P_3(x) = f(a) + (x-a)f(a, c) + (x-a)(x-c)f(a, c, c) +$$
$$+ (x-a)(x-c)^2 f(a, c, c, b)$$

und

$$R_4 = (x-a)(x-c)^2(x-b)\frac{f''''(\xi)}{24}.$$

Integration von a bis b ergibt als Näherungswert

$$\int\limits_a^b P_3(x)dx = f(a)\int\limits_a^b dx + f(a, c)\int\limits_a^b (x-a)dx + f(a, c, c)\int\limits_a^b (x-a)(x-c)dx +$$
$$+ f(a, c, c, b)\int\limits_a^b (x-a)(x-c)^2 dx$$

und (nach **40**) als Verbesserungsglied

$$\frac{f''''(\bar\xi)}{24}\int\limits_a^b (x-a)\,(x-c)^2\,(x-b)\,dx\,.$$

Nun sind die Steigungen zu berechnen und die bestimmten Integrale auszuwerten.

Zur Berechnung der Steigungen soll der Steigungsspiegel aufgestellt werden:

$$
\begin{array}{c|c}
a & f(a) \\
 & \quad\dfrac{f(c)-f(a)}{l} \\
c & f(c) \qquad\qquad -\dfrac{f(c)-f(a)}{l^2}+\dfrac{f'(c)}{l} \\
 & \qquad\quad f'(c) \qquad\qquad\qquad\qquad \dfrac{f(b)-f(a)}{2\,l^3}-\dfrac{f'(c)}{l^2} \\
c & f(c) \qquad\qquad \dfrac{f(b)-f(c)}{l^2}-\dfrac{f'(c)}{l} \\
 & \quad\dfrac{f(b)-f(c)}{l} \\
b & f(b)
\end{array}
$$

(man beachte, daß $c-a=l$, $b-c=l$, $b-a=2l$ ist). Die Steigungen, die in der Formel vorkommen, finden sich in der obersten nach rechts absteigenden Linie:

$$f(a,c)=\frac{f(c)-f(a)}{l}\,,\quad f(a,c,c)=-\frac{f(c)-f(a)}{l^2}+\frac{f'(c)}{l}\,,$$

$$f(a,c,c,b)=\frac{f(b)-f(a)}{2\,l^3}-\frac{f'(c)}{l^2}\,.$$

Von den Integralen finden sich die ersten beiden bereits in **43** (*);

$$\int\limits_a^b dx=b-a=2\,l\,,\quad \int\limits_a^b (x-a)\,dx=\frac{(b-a)^2}{2}=2\,l^2;$$

bei den übrigen ist die schon in **45** verwendete Substitution $x-c=t$ nützlich:

$$\int\limits_a^b (x-a)\,(x-c)\,dx=\int\limits_{-l}^{+l}(t+l)\,t\,dt=\int\limits_{-l}^{+l}(t^2+lt)\,dt=$$

$$=\left[\frac{t^3}{3}+\frac{lt^2}{2}\right]_{-l}^{+l}=\frac{l^3}{3}+\frac{l^3}{2}+\frac{l^3}{3}-\frac{l^3}{2}=\frac{2\,l^3}{3}\cdot$$

$$\int\limits_a^b (x-a)\,(x-c)^2\,dx=\int\limits_{-l}^{+l}(t+l)\,t^2\,dt=\int\limits_{-l}^{+l}(t^3+lt^2)\,dt=$$

$$=\left[\frac{t^4}{4}+\frac{lt^3}{3}\right]_{-l}^{+l}=\frac{l^4}{4}+\frac{l^4}{3}-\frac{l^4}{4}+\frac{l^4}{3}=\frac{2\,l^4}{3}$$

$$\int\limits_a^b (x-a)\,(x-c)^2\,(x-b)\,dx=\int\limits_{-l}^{+l}(t+l)\,t^2\,(t-l)\,dt=\int\limits_{-l}^{+l}(t^4-l^2t^2)\,dt=$$

$$=\left[\frac{t^5}{5}-\frac{l^2t^3}{3}\right]_{-l}^{+l}=\frac{l^5}{5}-\frac{l^5}{3}+\frac{l^5}{5}-\frac{l^5}{3}=-\frac{4\,l^5}{15}\,.$$

Setzt man alles ein, so ergibt sich als Näherungswert

$$\int_a^b P_3(x)\, dx = f(a)\, 2l + \frac{f(c)-f(a)}{l}\, 2l^2 + \left[-\frac{f(c)-f(a)}{l^2} + \frac{f'(c)}{l}\right]\frac{2\,l^3}{3} +$$

$$+ \left[\frac{f(b)-f(a)}{2\,l^3} - \frac{f'(c)}{l^2}\right]\frac{2\,l^4}{3} = l\left[2f(a) + 2f(c) - 2f(a) - \frac{2}{3}f(c) + \right.$$

$$\left. + \frac{2}{3}f(a) + \frac{2\,l}{3}f'(c) + \frac{1}{3}f(b) - \frac{1}{3}f(a) - \frac{2\,l}{3}f'(c)\right] =$$

$$= \frac{l}{3}\left[f(a) + 4f(c) + f(b)\right]$$

oder, wenn wieder alles durch a und b ausgedrückt wird,

$$\int_a^b P_3(x)\, dx = \frac{b-a}{6}\left[f(a) + 4f\left(\frac{a+b}{2}\right) + f(b)\right],$$

als Verbesserungsglied

$$\frac{f''''(\bar\xi)}{24}\cdot -\frac{4\,l^5}{15} = -\frac{l^5}{90}f''''(\bar\xi) = -\frac{(b-a)^5}{2880}f''''(\bar\xi),$$

somit als Gesamtformel

$$\int_a^b f(x)\, dx = \frac{b-a}{6}\left[f(a) + 4f\left(\frac{a+b}{2}\right) + f(b)\right] - \frac{(b-a)^5}{2880}f''''(\bar\xi).$$

Diese Formel heißt nach Thomas SIMPSON (1710—1761) die SIMPSONsche Formel. Sie ist nach ihrer Herleitung für Polynome bis zum dritten Grad genau.

Hienach lassen sich hie und da hübsche kurze Rechenverfahren gewinnen. Der Inhalt einer Pyramide wird gefunden, indem man die Grundfläche g, das vierfache der Schnittfläche in halber Höhe, die nach den Ähnlichkeitssätzen $\frac{g}{4}$ beträgt und die Schnittfläche an der Spitze, die offenbar 0 ist, addiert und mit dem sechsten Teil der Höhe multipliziert: $\left(g + 4\cdot\frac{g}{4} + 0\right)\frac{h}{6} = \frac{g\,h}{3}$. Der Inhalt der Kugel ist ähnlich gleich der Summe der Schnittkreise mit Ebenen durch die Pole und dem vierfachen Schnittkreis durch den Mittelpunkt multipliziert mit dem sechsten Teil des Durchmessers: $(0 + 4r^2\pi + 0)\frac{2r}{6} = \frac{4\,r^3\pi}{3}$

Nach ihrem Bau entspricht die SIMPSONsche Formel aber einer quadratischen Interpolation; der Grund dafür liegt darin, daß das Glied mit $f'(c)$ herausfällt. Man überzeugt sich ohne Schwierigkeit, daß dies davon herrührt, daß für $x_2 = x_3$ gerade der Wert $c = \frac{a+b}{2}$ gewählt worden ist. Die SIMPSONsche Formel hat also den Vorzug, daß sie eine größere Genauigkeit, als sie der aufgewendeten Rechenarbeit sonst entspräche, erwarten läßt.

Man bemerke, daß bei der Tangentenformel ganz ähnliche Umstände vorliegen (45).

Der Näherungswert der Simpsonschen Formel entsteht auch, wenn man die Näherungswerte nach der Sehnentrapezformel und nach der Tangententrapezformel mittelt, und zwar so, daß man ihnen die Gewichte 1 und 2 erteilt. In der Tat ist

$$\frac{1 \cdot (b-a)\dfrac{f(a)+f(b)}{2} + 2 \cdot (b-a) f\left(\dfrac{a+b}{2}\right)}{1 \;+\; 2} = \frac{b-a}{6}\left[f(a) + 4f\left(\frac{a+b}{2}\right) + f(b)\right].$$

Nach dem, was in 45 über die Beziehung der Abweichungen bei diesen beiden Formeln gesagt ist, ist eine solche Verknüpfung in der Tat geeignet, die Abweichung wenigstens angenähert zu beseitigen. Für $f(x) = \alpha x^2 + \beta x + \gamma$ fällt die Abweichung ganz weg, in Übereinstimmung damit, daß in diesem Falle die Simpsonsche Formel den genauen Wert gibt.

48. Die Simpsonsche Formel mit Unterteilung des Spielraums. Nun möge wieder die Verfeinerung der Simpsonschen Formel durch Unterteilung des Spielraums behandelt werden. Die Anwendung auf die einzelnen Teilstücke ergibt

$$\int\limits_a^{a+h} f(x)\,dx = \frac{h}{6}\left[f(a) + 4f\left(a + \frac{h}{2}\right) + f(a+h)\right] \qquad - \frac{h^5}{2880} f''''(\bar{\xi}_1)$$

$$\int\limits_{a+h}^{a+2h} f(x)\,dx = \frac{h}{6}\left[f(a+h) + 4f\left(a + \frac{3h}{2}\right) + f(a+2h)\right] - \frac{h^5}{2880} f''''(\bar{\xi}_2)$$

$$\cdots \cdots \cdots \cdots \cdots \cdots \cdots \cdots \cdots \cdots$$

$$\int\limits_{b-h}^{b} f(x)\,dx = \frac{h}{6}\left[f(b-h) + 4f\left(b - \frac{h}{2}\right) + f(b)\right] \qquad - \frac{h^5}{2880} f''''(\bar{\xi}_m).$$

Durch Addition folgt daraus

$$\int\limits_a^b f(x)\,dx = \frac{h}{6}\Big[f(a) + 4f\left(a + \frac{h}{2}\right) + 2f(a+h) + 4f\left(a + \frac{3h}{2}\right) +$$

$$+ 2f(a+2h) + \cdots + 2f(b-h) + 4f\left(b - \frac{h}{2}\right) + f(b)\Big] -$$

$$- \frac{h^5}{2880}\left[f''''(\bar{\xi}_1) + f''''(\bar{\xi}_2) + \cdots + f''''(\bar{\xi}_m)\right].$$

An Stelle des Verbesserungsglieds kann nach dem Hilfssatz in **40**

$$- \frac{m h^5}{2880} f''''(\varXi)$$

oder, wenn $h = \dfrac{b-a}{m}$ eingeführt wird,

$$- \frac{(b-a)^5}{2880\, m^4} f''''(\varXi)$$

gesetzt werden. Man erhält daher als Simpsonsche Formel mit Unterteilung

$$\int\limits_a^b f(x)\,dx = \frac{h}{6}\Big[f(a) + f(b) + 2[f(a+h) + f(a+2h) + \cdots + f(b-h)] +$$

$$+ 4\left[f\left(a + \frac{h}{2}\right) + f\left(a + \frac{3h}{2}\right) + \cdots + f\left(b - \frac{h}{2}\right)\right]\Big] - \frac{m h^5}{2880} f''''(\varXi)$$

oder

$$\int_a^b f(x)\,dx = \frac{h}{6}\Big[f(a) + f(b) + 2\,[f(a+h) + f(a+2h) + \cdots + f(b-h)] +$$

$$+ 4\Big[f\Big(a + \frac{h}{2}\Big) + f\Big(a + \frac{3h}{2}\Big) + \cdots + f\Big(b - \frac{h}{2}\Big)\Big]\Big] - \frac{(b-a)^5}{2880\,m^4}\,f''''(\varXi).$$

Wie die zweite Gestalt des Verbesserungsglieds zeigt, ist hier wegen des Nenners m^4 eine Vermehrung der Teilstücke besonders wirksam; wenn man z. B. deren Anzahl verdoppelt, so wird die Unsicherheit der Bestimmung auf ihren sechzehnten Teil vermindert.

Die Rechenarbeit bei der Simpsonschen Formel ist etwa so groß wie bei der Sehnentrapezformel und bei der Tangententrapezformel zusammengenommen.

In der geometrischen Veranschaulichung entspricht der Unterteilung des Spielraums eine Zerschneidung des Flächenstücks in Streifen. Da in jedem aber noch die Mittelordinate auftritt, so wird er noch in zwei Streifen weitergeteilt. Um Mißverständnisse zu vermeiden, empfiehlt sich daher die Redeweise, es werde das Flächenstück in m **Doppelstreifen** zerschnitten.

Für die praktische Rechnung eignet sich (namentlich bei einer größeren Anzahl von Streifen) folgende Anordnung. Man lege eine Tabelle der Werte des Integranden an, verteile sie aber je nach den zugehörigen Zahlenfaktoren 1, 2 und 4 in drei Spalten, so daß jede Spalte leicht für sich summiert werden kann. Diese Summen sind dann noch mit den betreffenden Zahlenfaktoren zu multiplizieren und die Ergebnisse zu addieren. Das Bild ist das folgende:

	Summe	Summe mal 4	Summe mal 2
a	$f(a)$		
$a + \dfrac{h}{2}$		$f\Big(a + \dfrac{h}{2}\Big)$	
$a + h$			$f(a+h)$
$a + \dfrac{3h}{2}$		$f\Big(a + \dfrac{3h}{2}\Big)$	
$a + 2h$			$f(a + 2h)$
$\cdots$		$\cdots\cdots\cdots$	
$b - h$			$f(b - h)$
$b - \dfrac{h}{2}$		$f\Big(b - \dfrac{h}{2}\Big)$	
b	$f(b)$		

Wie man sieht, sind die Funktionswerte nach einer Zickzacklinie einzutragen, die links beginnt, nach rechts führt, dann zwischen rechten und der mittleren Spalte hin- und hergeht und schließlich wieder nach links zurückläuft.

49. Das allgemeine Verfahren von COTES. Die Sehnentrapezformel und die SIMPSONsche Formel können als die ersten einer Reihe von Formeln der parabolischen Quadratur angesehen werden, bei denen die Interpolationsstellen unter Einbeziehung der beiden Grenzen des Integrals in gleichen Abständen gewählt sind. Diese Formeln haben also die Gestalt

$$(*) \quad \int_a^b f(x)\,dx \doteq C_0 f(a) + C_1 f\left(a + \frac{b-a}{\nu}\right) \dotplus C_2 f\left(a + 2\frac{b-a}{\nu}\right) + \cdots + $$
$$ + C_{\nu-1} f\left(b - \frac{b-a}{\nu}\right) + C_\nu f(b)\,.$$

Die Abschätzung des Verbesserungsgliedes nach 40 ist nicht möglich, da für $n \geqq 2$ die Einschränkungen für die Interpolationsstellen nicht eingehalten sind; daß sie für die SIMPSONsche Formel doch gelingt, ist eine Ausnahme, wie in 47 begründet ist. Die Formeln (*) heißen die Formeln von COTES, nach Roger COTES (1652—1716), der die Koeffizienten bis $\nu = 11$ berechnet hat. Es seien die Formeln für $\nu = 3$ und 4 angeführt:

$$\int_a^b f(x)\,dx = \frac{1}{8} f(a) + \frac{3}{8} f\left(\frac{2a+b}{3}\right) \dotplus \frac{3}{8} f\left(\frac{a+2b}{3}\right) + \frac{1}{8} f(b)$$

$$\int_a^b f(x)\,dx = \frac{7}{90} f(a) + \frac{16}{45} f\left(\frac{3a+b}{4}\right) + \frac{2}{15} f\left(\frac{a+b}{2}\right) \dotplus \frac{16}{45} f\left(\frac{a+3b}{4}\right) \dotplus \frac{7}{90} f(b).$$

50. Das GAUSSische Quadraturverfahren. Eine Verfeinerung der parabolischen Quadratur hat K. FR. GAUSS angegeben. Er wählt in der Näherungsformel

$$\int_a^b f(x)\,dx \doteq C_1 f(x_1) + C_2 f(x_2) + \cdots + C_n f(x_n)$$

die $2n$ Größen $C_1, C_2, \ldots, C_n, x_1, x_2, \ldots, x_n$ so, daß die Formel für alle Polynome bis zum Grad $2n - 1$ genaue Werte gibt.

Das Verfahren wird beim praktischen Rechnen nicht häufig angewendet, wohl hauptsächlich darum, weil die Werte der C und der x unbequeme Zahlen sind. Auch wird eine so hohe Genauigkeit nur selten gebraucht. Es möge daher nur dieser Hinweis gegeben werden. Näheres kann man etwa in K. RUNGE-H. KÖNIG, Vorlesungen über numerisches Rechnen (Die Grundlehren der mathematischen Wissenschaften 11), § 80, S. 275—284 nachsehen.

§ 6. Interpolation bei gleichabständigen Argumenten.

51. Der Fall gleichabständiger Argumente. Der Fall, daß die Argumente beim Interpolieren gleichabständig, äquidistant sind oder eine arithmetische Reihe bilden, bietet so viel an Besonderheiten und Vereinfachungen, daß er einer eigenen Behandlung wert ist, um so mehr, als er, insbesondre bei der Benützung von Tafelwerken, sehr häufig auftritt.

Nennt man das erste Argument a, das zweite $a + h$, so sind die weiter folgenden, weil die Differenz h sich immer wiederholen muß, $a + 2h$, $a + 3h, \ldots$ Das n-te Argument ist demnach $a + \overline{n - 1}h$.

Die Differenz h wird neuerdings gern die Spanne genannt.

52. Differenzen. Es soll nun für die Argumente $a, a + h, a + 2h, \ldots$ und eine Funktion $f(x)$ der Steigungsspiegel aufgestellt werden. Zur Abkürzung möge vorübergehend $f(a) = A$, $f(a + h) = B$, $f(a + 2h) = C$, $f(a + 3h) = D$, ... gesetzt werden. Dann lautet der Steigungsspiegel nach der Bildungsweise in 4

$$
\begin{array}{c|llll}
a & A & & & \\
 & & \dfrac{B-A}{h} & & \\
a+h & B & & \dfrac{\overline{C-B}-\overline{B-A}}{h\cdot 2h} & \\
 & & \dfrac{C-B}{h} & & \dfrac{(\overline{D-C}-\overline{C-B})-(\overline{C-B}-\overline{B-A})}{h\cdot 2h\cdot 3h} \\
a+2h & C & & \dfrac{\overline{D-C}-\overline{C-B}}{h\cdot 2h} & \\
 & & \dfrac{D-C}{h} & & \vdots \\
a+3h & D & & \vdots & \\
 & & \vdots & & \\
\vdots & \vdots & & &
\end{array} \quad \cdots
$$

Bei der Rechnung sind absichtlich die algebraischen Summen in den Zählern nicht vereinfacht und die Faktoren in den Nennern nicht zusammengezogen worden.

Man bemerkt, daß die Nenner in jeder Spalte unveränderlich sind: alle ersten Steigungen haben den Nenner h, alle zweiten Steigungen den Nenner $h\cdot 2h = 2h^2$, alle dritten Steigungen den Nenner $h\cdot 2h\cdot 3h = 3!\, h^3$, usw., so daß also allgemein bei allen n-ten Steigungen der Nenner $n!\, h^n$ vorkommt. Was die Zähler betrifft, so ist jeder aus den links von ihm eine halbe Zeile höher und eine halbe Zeile tiefer stehenden durch Subtraktion gebildet. Man spricht von Differenzenbildung und nennt $B-A$, $C-B$, $D-C$, ... die Differenzen oder genauer die ersten Differenzen (in ihrer Gesamtheit die erste Differenzenreihe) der Aufeinanderfolge (oder Reihe) A, B, C, D, ... Ebenso sind $\overline{C-B}-\overline{B-A}$, $\overline{D-C}-\overline{C-B}$, ... die Differenzen der Differenzen $B-A$, $C-B$, $D-C$, ... oder die zweiten Differenzen oder Differenzen zweiter Ordnung von A, B, C, D, ..., $(\overline{D-C}-\overline{C-B}) - (\overline{C-B}-\overline{B-A})$, ... die dritten Differenzen (Differenzen dritter Ordnung) von A, B, C, D, ..., usw.

Vereinfacht man die höheren Differenzen, so ergibt sich für die zweiten $C - 2B + A$, $D - 2C + B$, ..., für die dritten $D - 3C + 3B - A$, ... usw. Von diesen Ausdrücken wird noch die Rede sein (65).

53. Der Differenzenspiegel. So wie die Steigungen, so kann man auch die Differenzen in einem Differenzenspiegel anordnen:

$$
\begin{array}{c|lll}
a & f(a) & & \\
 & & f(a+h)-f(a) & \\
a+h & f(a+h) & & [f(a+2h)-f(a+h)]-[f(a+h)-f(a)] \\
 & & f(a+2h)-f(a+h) & \vdots \\
a+2h & f(a+2h) & & \\
\vdots & \vdots & &
\end{array}
$$

Der Differenzenspiegel unterscheidet sich vom Steigungsspiegel dadurch, daß jede Spalte aus der links benachbarten durch Differenzenbildung ohne Division gebildet wird.

Es hat kein Bedenken, für Steigungsspiegel und Differenzenspiegel dieselbe Anordnung zu wählen; man wird sie bei etwas Aufmerksamkeit nicht verwechseln, auch wenn sie nur mit Zahlenwerten besetzt sind. Übrigens müssen bei einem Differenzenspiegel die Argumente gleichabständig sein.

54. Das Symbol Δ. Zur Vereinfachung der Schreibweise ist ein Symbol bequem, das übrigens auch sonst oft in der Mathematik in ähnlichem Sinn verwendet wird. Man setzt

$$\Delta f(x) = f(x + h) - f(x)$$

Das Zeichen Δ, vor eine Funktion $f(x)$ gesetzt, verlangt also, daß die Funktion für das um h vermehrte Argument gebildet und der ursprüngliche Funktionswert davon abgezogen werden soll.

Δ erscheint daher als ein **Operator**; andrerseits wird es wie ein Faktor geschrieben, man nennt Δ daher einen **symbolischen Faktor**. Der Nutzen dieser Schreibweise ist der, daß ein solcher symbolischer Faktor sich, wenn auch nicht in allen, so doch in vielen Beziehungen wie ein wirklicher Faktor verhält, so daß die für ihn geltenden Rechengesetze durch die Gedankenverbindung mit den Eigenschaften der Multiplikation leichter im Gedächtnis haften. Andre symbolische Faktoren dieser Art sind das Zeichen des Differentials d, das CAUCHYsche Zeichen der Ableitung (Derivierten) D, u. a.

Nach dieser Erklärung des Symbols Δ ist nun

$$B - A = \Delta A, \quad C - B = \Delta B, \quad D - C = \Delta C, \ \ldots,$$

ferner ist auch

$$\overline{C - B} - \overline{B - A} = \Delta B - \Delta A = \Delta(\Delta A);$$

hierfür wird nun kurz $\Delta^2 A$ geschrieben, indem man die beiden symbolischen Faktoren Δ wie gewöhnliche Faktoren zu Δ^2 zusammenfaßt.

Folgerichtigerweise sollte man $\Delta^2 A$ nun auch „*Delta-Quadrat-A*" *lesen*; es ist indessen üblich, wohl unter dem Einfluß der Benennung „zweite Differenz", „*Delta-zwei-A*" zu lesen, was nach den sonstigen Regeln $\Delta_2 A$ geschrieben werden müßte.

Es ist also

$$\overline{C - B} - \overline{B - A} = \Delta^2 A, \quad \overline{D - C} - \overline{C - B} = \Delta^2 B, \ \ldots,$$

ferner

$$(\overline{D - C} - \overline{C - B}) - (\overline{C - B} - \overline{B - A}) = \Delta^2 B - \Delta^2 A = \Delta(\Delta^2 A)$$
$$= \Delta^3 A, \ \ldots$$

usw.

In manchen Fällen ist $h = 1$. Übrigens kann man dies durch Übergang zu einer neuen Veränderlichen in jedem Fall erreichen, man braucht nur $x = hz + c$ (bei beliebigem c) und

$$f(x) = f(hz + c) = g(z)$$

zu setzen. Es ist dann

$$\Delta g(z) = \Delta f(x) = f(x + h) - f(x) = f(hz + c + h) - f(hz + c) =$$
$$= f(h\,\overline{z + 1} + c) - f(hz + c) = g(z + 1) - g(z).$$

Die Veränderliche z nimmt, wenn c passend gewählt wird, aufeinanderfolgende ganzzahlige Werte an; sie wird dann manchmal das **Nummernargument** genannt.

55. Anwendung des Symbols Δ im Differenzenspiegel. Schreibt man die Differenzen mit dem Symbol Δ, so nimmt der Differenzenspiegel folgende Gestalt an:

a	$f(a)$			
		$\Delta f(a)$		
$a+h$	$f(a+h)$		$\Delta^2 f(a)$	
		$\Delta f(a+h)$		$\Delta^3 f(a) \cdots$
$a+2h$	$f(a+2h)$		$\Delta^2 f(a+h)$	$\vdots$
		$\Delta f(a+2h)$	$\vdots$	
$a+3h$	$f(a+3h)$	$\vdots$		
$\vdots$	$\vdots$			

Man beachte, daß im Differenzenspiegel die Argumente auf den nach rechts absteigenden Linien gleichbleiben.

Es liegt hierin eine gewisse Unsymmetrie, die von der Erklärung des Symbols Δ, der Formel $\Delta f(x) = f(x+h) - f(x)$, herrührt. Sie könnte vermieden werden, indem die Differenz $\Delta f(x-h) = f(x) - f(x-h)$ auch mit $\nabla f(x)$ bezeichnet wird und beide Schreibweisen angewendet werden, oder noch günstiger, indem (nach einem Gedanken, der ursprünglich auf J. F. Encke zurückgeht) die Differenz $f(x+h) - f(x)$ dem Argumentwert $x + \dfrac{h}{2}$ zugeordnet wird (**Zentraldifferenzen**): $\delta f\left(x + \dfrac{h}{2}\right) = f(x+h) - f(x)$. Durch diese Maßregeln werden die Formeln oft gleichmäßiger im Bau, andrerseits sind die Zwischenargumente der Zentraldifferenzen eine gewisse Erschwerung. Für die knappe Darstellung, die hier gegeben wird, soll die angeführte Unsymmetrie in den Kauf genommen werden.

56. Eigenschaften des Symbols Δ. Wendet man den Operator Δ auf eine Summe $f(x) + g(x)$ an, so erhält man

$$\Delta\,[f(x) + g(x)] = [f(x+h) + g(x+h)] - [f(x) + g(x)] =$$
$$= f(x+h) - f(x) + g(x+h) - g(x) = \Delta f(x) + \Delta g(x).$$

Ganz ähnlich ist

$$\Delta\,[f(x) - g(x)] = [f(x+h) - g(x+h)] - [f(x) - g(x)] =$$
$$= f(x+h) - f(x) - g(x+h) + g(x) = \Delta f(x) - \Delta g(x).$$

Wendet man Δ auf ein Produkt mit einem festen Faktor c an, so ergibt sich

$$\Delta\,[c f(x)] = c f(x+h) - c f(x) = c\,[f(x+h) - f(x)] = c\,\Delta f(x).$$

Die Erweiterung auf höhere Differenzen liegt auf der Hand.

Für ein Produkt $f(x)g(x)$ erhält man

$$\Delta\,[f(x)g(x)] = f(x+h)g(x+h) - f(x)g(x) =$$
$$= f(x+h)g(x+h) - f(x)g(x+h) + f(x)g(x+h) - f(x)g(x) =$$
$$= \Delta f(x) \cdot g(x+h) + f(x) \cdot \Delta g(x).$$

Ebensogut wäre auch

$$\Delta\,[f(x)\,g(x)] = f(x+h)\cdot\Delta\,g(x) + \Delta\,f(x)\cdot g(x)\,.$$

Die Ähnlichkeit und die Abweichungen beim Vergleich mit den Formeln aus der Differentialrechnung erklären sich leicht aus dem Zusammenhang

$$f'(x) = \lim_{h=0}\frac{\Delta\,f(x)}{h}\,.$$

Nach der Erklärung der höheren Differenzen ist für zwei natürliche Zahlen m und n

$$\Delta^m\big(\Delta^n f(x)\big) = \Delta^{m+n} f(x)\,,$$

man hat also symbolisch

$$\Delta^m\,\Delta^n = \Delta^{m+n}$$

wie bei Zahlen.

Nimmt man sich die Freiheit,

$$\Delta\,f(x) + a\,f(x) = (\Delta + a)\,f(x)$$

zu setzen, indem man Δ wie einen Faktor behandelt, so hat man mit Beachtung der Rechenregeln vorhin

$$\begin{aligned}
(\Delta + a)\,(\Delta + b)\,f(x) &= (\Delta + a)\,[\Delta\,f(x) + b\,f(x)] =\\
&= \Delta\,[\Delta\,f(x) + b\,f(x)] + a\,[\Delta\,f(x) + b\,f(x)] =\\
&= \Delta\,\Delta\,f(x) + b\,\Delta\,f(x) + a\,\Delta\,f(x) + a\,b\,f(x) =\\
&= \Delta^2\,f(x) + (a+b)\,\Delta\,f(x) + a\,b\,f(x)\,.
\end{aligned}$$

Hierfür kann man in ähnlicher Weise $[\Delta^2 + (a+b)\Delta + ab]f(x)$ setzen, also ist

$$(\Delta + a)\,(\Delta + b) = \Delta^2 + (a+b)\,\Delta + ab$$

wie bei Zahlen.

Hieraus folgt, daß Δ sich beim Aufbau von Polynomen und deren Zerlegung in Faktoren wie eine Zahl verhält, eine Eigenschaft, durch die die Schreibweise als symbolischer Faktor (54) gerechtfertigt wird. Namentlich zur Unterstützung des Gedächtnisses ist diese Eigenschaft von großem Wert.

Man muß dabei jedoch vorsichtig sein; so verhält sich Δ in $\Delta[f(x) \pm g(x)]$ und in $\Delta\,[c\,f(x)]$ wie eine Zahl, in $\Delta\,[f(x)\,g(x)]$ dagegen nicht.

57. Differenzenformeln. Von den Formeln, die sich durch Anwendung des Symbol Δ auf besondere Funktionen ergeben, mögen einige, die bemerkenswert sind, genannt werden.

Zunächst ist für $f(x) = x$ selbst

$$\Delta\,x = x + h - x = h\,.$$

Ferner hat man (und zwar für jedes Logarithmensystem)

$$\Delta\,\log f(x) = \log f(x+h) - \log f(x) = \log\frac{f(x+h)}{f(x)}$$

und, wenn noch $f(x+h)$ aus $\Delta f(x) = f(x+h) - f(x)$ entnommen wird,

$$\Delta\,\log f(x) = \log\frac{f(x) + \Delta\,f(x)}{f(x)} = \log\left(1 + \frac{\Delta\,f(x)}{f(x)}\right)\,.$$

Schließlich ist für $f(x) = c^x$

$$\Delta c^x = c^{x+h} - c^x = c^x (c^h - 1),$$

daher

$$\Delta^n c^x = c^x (c^h - 1)^n.$$

58. Höhere Differenzen eines Polynoms. Es sei $F(x) = a_0 x^n + a_1 x^{n-1} + \cdots + a_{n-1} x + a_n$ ein Polynom. Nach den Rechenregeln in 56 ist

$$\Delta F(x) = a_0 \Delta (x^n) + a_1 \Delta (x^{n-1}) + \cdots + a_{n-1} \Delta x.$$

Nun ist weiter

$$\Delta (x^n) = \binom{n}{1} x^{n-1} h + \binom{n}{2} x^{n-2} h^2 + \cdots + \binom{n}{n} h^n = n h x^{n-1} + \cdots,$$

ebenso

$$\Delta (x^{n-1}) = \overline{n-1}\, h x^{n-2} + \cdots, \text{ usw.}$$

Also hat man

$$(*) \qquad \Delta F(x) = a_0 (n h x^{n-1} + \cdots) + a_1 (\overline{n-1}\, h x^{n-2} + \cdots) + \cdots =$$
$$= n a_0 h x^{n-1} + \cdots.$$

Die Differenz ist daher ein Polynom $\overline{n-1}$-ten Grades in x (das auch noch h enthält). Das Glied $\overline{n-1}$-ten Grades lautet $n a_0 h x^{n-1}$, da in (*) nur Glieder geringern Grades weggelassen worden sind.

Hienach lassen sich die höheren Differenzen leicht bilden. $\Delta^2 F(x)$ ist ein Polynom $\overline{n-2}$-ten Grades; um das Anfangsglied zu erhalten, denke man sich in der frühern Rechnung n und a_0 durch $n-1$ und $n a_0 h$ ersetzt; dies ergibt

$$\overline{n-1} \cdot n a_0 h \cdot h x^{n-2} = n\, \overline{n-1}\, a_0 h^2 x^{n-2}.$$

Also ist

$$\Delta^2 F(x) = n\, \overline{n-1}\, a_0 h^2 x^{n-2} + \cdots:$$

und weiter

$$\Delta^3 F(x) = n\, \overline{n-1}\, \overline{n-2}\, a_0 h^3 x^{n-3} + \cdots$$

$$\cdot \;\cdot\; \cdot\; \cdot\; \cdot\; \cdot\; \cdot\; \cdot\; \cdot\; \cdot\; \cdot\; \cdot\; \cdot\; \cdot$$

Die letzte Formel lautet

$$\Delta^n F(x) = n!\, a_0 h^n;$$

da keine Glieder geringeren Grades möglich sind, so ist dies der genaue Wert. Die n-te Differenz eines Polynoms n-ten Grades ist also fest (von x unabhängig); die höheren Differenzen sind daher Null.

Die letzten Aussagen folgen auch leicht aus den Ergebnissen in 16.

59. Arithmetische Reihen höherer Ordnung. Ausgehend von der Benennung arithmetischer Reihe für eine Aufeinanderfolge von Zahlen, deren Differenzen alle gleich sind (die also gleichabständig sind, 51), nennt man eine Aufeinanderfolge von Zahlen, deren n-te Differenzen alle gleich sind oder deren $\overline{n+1}$-te Differenzen alle Null sind, eine arithmetische Reihe n-ter Ordnung.

Das letzte Ergebnis von 58 läßt sich also dahin aussprechen, daß die Werte eines Polynoms n-ten Grades an gleichabständigen Stellen eine arithmetische Reihe n-ter Ordnung bilden.

Es bilden also z. B. die Kuben der natürlichen Zahlen eine arithmetische Reihe dritter Ordnung, wie es auch der Differenzenspiegel erkennen läßt:

x	f	Δ	Δ²	Δ³	Δ⁴
0	0				
		1			
1	1		6		
		7		6	
2	8		12		0
		19		6	
3	27		18		0
		37		6	
4	64		24		0
		61		6	
5	125		30		0
		91		6	
6	216		36		0
		127		6	
7	343		42		0
		169		6	
8	512		48		0
		217		6	⋮
9	729		54	⋮	
		271	⋮		
10	1000	⋮			
⋮	⋮				

60. Aufstellung von Tabellen für Polynome. So wie den Steigungsspiegel, so kann man auch den Differenzenspiegel bei Polynomen durch Rückrechnung von rechts nach links (18) ausfüllen, wenn man bis zu der fest bleibenden Differenz vorgedrungen ist. Man kann so eine Tabelle der Werte eines Polynoms für gleichabständige Argumente herstellen. Hiezu muß man aufeinanderfolgende Werte des Polynoms unmittelbar berechnen, und zwar um einen mehr, als die Gradzahl beträgt, dann kommt man bis zur Differenz, deren Ordnung gleich der Gradzahl ist, die also ihren Wert beibehält und nach Bedarf zu wiederholen ist. Nun rechnet man, nach links zurückgehend, die vorige Differenzenreihe, dann die nächstvorhergehende usw. bis zu den Funktionswerten. Man kommt mit einem Funktionswert weniger aus, wenn man die Formel $n!\,a_0 h^n$ aus 58 für die fest bleibende Differenz verwendet.

Es sei z. B. eine Tafel der Werte von $x^3 + x^2 + x$ für jedes zweite Zehntel von -1 bis $+1$ aufzustellen. Die dritte Differenz ist fest; um sie zu bekommen, braucht man vier aufeinanderfolgende Werte des Polynoms. Da die Rechnung mit 0 und kleinen Argumentwerten bequem ist, so gehe man etwa von $-0·2$, 0, $0·2$, $0·4$ aus und stelle den Differenzenspiegel auf:

$-0·2$	$-0·168$			
		$0·168$		
0	0		$0·080$	
		$0·248$		$0·048$
$0·2$	$0·248$		$0·128$	
		$0·376$		
$0·4$	$0·624$			

Verwendet man die Formel $n!a_0h^n$, so hat man $n = 3$, $a_0 = 1$, $h = 0·2$; daher ist die dritte Differenz $3!·1·0·2^3 = 0·048$. Man reicht jetzt mit drei Argumenten, etwa $-0·2$, 0, $0·2$ aus:

$-0·2$	$-0·168$		
		$0·168$	
0	0		$0·080$
		$0·248$	
$0·2$	$0·248$		

Nun ist dieser Differenzenspiegel zu ergänzen. Es sind beiderseits vier Argumente anzufügen, daher füge man auch oben und unten viermal die dritte Differenz $0·048$ an, dann kann die Rückrechnung durchgeführt werden:

$-1·0$	$-1·000$			
		$0·328$		
$-0·8$	$-0·672$		$-0·112$	
		$0·216$		$0·048$
$-0·6$	$-0·456$		$-0·064$	
		$0·152$		$0·048$
$-0·4$	$-0·304$		$-0·016$	
		$0·136$		$0·048$
$-0·2$	$-0·168$		$0·032$	
		$0·168$		$0·048$
0	0		$0·080$	
		$0·248$		$0·048$
$0·2$	$0·248$		$0·128$	
		$0·376$		$0·048$
$0·4$	$0·624$		$0·176$	
		$0·552$		$0·048$
$0·6$	$1·176$		$0·224$	
		$0·776$		$0·048$
$0·8$	$1·952$		$0·272$	
		$1·048$		
$1·0$	$3·000$			

Es ist günstig, die Rechnungen spaltenweise durchzuführen. Hierbei kann man, um eine Probe zu haben, zunächst alle Werte der rechtsstehenden Spalte auf einmal addieren und nachher erst Wert für Wert addieren; man würde also z. B. die Summe 0·376 + 0·552 + 0·776 + + 1·048 = 2·752 bilden und zu 0·248 addieren, die Summe 3·000 sogleich eintragen und nachher der Reihe nach die einzelnen Funktionswerte bilden. Bei langen Spalten wird es vorteilhaft sein, dieses Verfahren auf kürzere Stücke anzuwenden.

61. Anwendung der Rechenmaschine. Das Aufsummieren der Differenzenreihen kann bequem mit der Rechenmaschine geschehen, nur muß man sie Glied für Glied aufschreiben. Hat man aber eine vielstellige Rechenmaschine zur Verfügung, so kann man die Funktionswerte bilden und herausschreiben, ohne die Differenzenreihen anzuschreiben. Das Verfahren ist freilich nur anwendbar, wenn die Werte des Differenzenspiegels alle positiv sind. Es möge an dem Beispiel aus **60** an dem Stück vom Argument 0 bis Argument 1·0 gezeigt werden. Man bringt die Zahlen einer nach rechts absteigenden Linie bis zur vorletzten Differenz ins Zählwerk, indem man für jede einen Abschnitt, d. h. eine gewisse Zahl von Stellen vorbehält (bequem ist es, Trennungszeichen dazwischen anzubringen) und unter jede davon die aus dem rechts benachbarten Abschnitt, zuletzt die feste Differenz ins Schaltwerk (durch Einrahmen kenntlich gemacht):

$$0000\,0248\,0128$$

$$\boxed{0248\,0128\,0048}$$

Man addiert einmal; dies ergibt

$$0248\,0376\,0176$$

Nun wird das Schaltwerk umgestellt; man bringt wieder in jeden Abschnitt des Schaltwerks die Zahl aus dem rechts benachbarten Abschnitt des Zählwerks, die feste Differenz bleibt; dann addiert man wieder einmal, und so geht es fort. Beim Beispiel aus **60** folgt daher weiter

$$0248\,0376\,0176$$

$$\boxed{0376\,0176\,0048}$$

$$0624\,0552\,0224$$

$$\boxed{0552\,0224\,0048}$$

$$1176\,0776\,0272$$

$$\boxed{0776\,0272\,0048}$$

$$1952\,1048\,0320$$

$$\boxed{1048\,0320\,0048}$$

$$3000\,1368\,0368$$

Soll die Tafel mit 3·000 schließen, so kann man die höheren Differenzen zuletzt nach und nach weglassen.

62. Aufsuchung von Fehlern in Tafeln. Wenn die Werte eines Polynoms an gleichabständigen Stellen in einer Tafel zusammengestellt sind, so muß jeder fehlerhafte Wert eine Störung des Differenzenspiegels mit sich bringen. Um die Gestalt einer solchen Störung zu erkennen, nehme man an, ein einziger Wert der Tafel sei falsch, und zwar zunächst um 1 zu groß.

Die in der Tafel dargestellte Funktion besteht also aus zwei Summanden, der eine ist der richtige Wert, der zweite der Fehler; dieser zweite Summand hat an einer Stelle den Wert 1, sonst überall 0. Nach 56 ist daher auch jede Differenzenreihe der fehlerhaften Tafel die Summe der entsprechenden Differenzenreihen der richtigen Werte und der Fehler. Als Beispiel diene etwa der Differenzenspiegel aus 59, nur mit dem unrichtigen Wert 126 statt 125:

Fehlerhafte Tafel

0	0				
		1			
1	1		6		
		7		6	
2	8		12		0
		19		6	
3	27		18		1
		37		7	
4	64		25		−4
		62		3	
5	126		28		6
		90		9	
6	216		37		−4
		127		5	
7	343		42		1
		169		6	
8	512		48		0
		217		6	⋮
9	729		54	⋮	
		271	⋮		
10	1000	⋮			
⋮	⋮				

Richtige Tafel

0	0				
		1			
1	1		6		
		7		6	
2	8		12		0
		19		6	
3	27		18		0
		37		6	
4	64		24		0
		61		6	
5	125		30		0
		91		6	
6	216		36		0
		127		6	
7	343		42		0
		169		6	
8	512		48		0
		217		6	⋮
9	729		54	⋮	
		271	⋮		
10	1000	⋮			
⋮	⋮				

Fehler

0	0				
		0			
1	0		0		
		0		0	
2	0		0		0
		0		0	
3	0		0		1
		0		1	
4	0		1		−4
		1		−3	
5	1		−2		6
		−1		3	
6	0		1		−4
		0		−1	
7	0		0		1
		0		0	
8	0		0		0
		0		0	⋮
9	0		0	⋮	
		0	⋮		
10	0	⋮			
⋮	⋮				

Das Beispiel zeigt deutlich; daß die Fehler im Differenzenspiegel der fehlerhaften Tafel mit den Differenzen der Tafel der Fehler übereinstimmen; diese sind aber einfach die mit abwechselndem Vorzeichen genommenen Binomialkoeffizienten. Sie erfüllen einen sich nach rechts verbreiternden Winkelraum, dessen Scheitel der Fehler bildet. Geht man bis zu den Differenzenreihen hinauf, die bei der richtigen Tafel Nullen enthalten (deren Ordnung also höher ist als der Grad des dargestellten Polynoms), so erscheinen dieselben Differenzen auch im Differenzenspiegel der fehlerhaften Tafel.

Hat der Fehler statt 1 einen andern Wert, so werden auch die Binomialkoeffizienten (mit den abwechselnden Vorzeichen) alle mit diesem Wert multipliziert sein.

Ist schließlich die der Tafel zugrunde liegende Funktion kein Polynom, aber durch ein Polynom angenähert darstellbar, so werden diese Verhältnisse wenigstens angenähert zutreffen, wobei übrigens in den höheren Differenzen wegen der Abrundungen der Tafelwerte öfters auch stärkere Abweichungen möglich sind.

Nach diesen Überlegungen ergibt sich folgendes Verfahren zur Prüfung einer tabellarischen Darstellung einer Funktion: Man bilde den

Differenzenspiegel; sind die Differenzen von einer bestimmten Ordnung
an Null oder klein, so spricht dies für die Richtigkeit der Tafelwerte.
Zeigt sich in einer Differenzenspalte, deren Werte sonst Null oder klein
sind, eine Störung, indem Werte auftreten, die den mit abwechselnden
Vorzeichen genommenen Binomialkoeffizienten der betreffenden Ordnung proportional sind, so ist zu vermuten, daß der Funktionswert an
der Spitze des gleichschenkligen Dreiecks, das sich an die Störung an-
lehnt, einen Fehler, angenähert von der Größe des Proportionalitäts-
faktors, aufweist.

Als Beispiel soll ein Ausschnitt aus der Tafel der gewöhnlichen Logarithmen vorgeführt werden; er lautet mit angefügtem Differenzenspiegel
(in Einheiten der fünften Dezimalstelle):

40	1·60206		
		1072	
41	1·61278		−25
		1047		0
42	1·62325		−25
		1022		1
43	1·63347		−24
		998		−7
44	1·64345		−31
		967		28
45	1·65312		−3
		964		−27
46	1·66276		−30
		934		10
47	1·67210		−20
		914		2
48	1·68124		−18
		896		−1
49	1·69020		−19
		877		2
50	1·69897		−17
		860		0
51	1·70757		−17
		843		2
52	1·71600		−15
		828	
53	1·72428		

Schon bei der ersten Differenzenreihe zeigt sich in den beiden wenig
verschiedenen Werten 967 und 964 eine Störung, in der zweiten Differenzenreihe wird sie deutlicher, in der dritten, die sonst kleine Werte
aufweist, läßt die Gruppe − 7, 28, − 27, 10 erkennen, daß der Wert
log 45 = 1·65312 vermutlich unrichtig ist; als Größe des Fehlers ergibt
das Verhältnis dieser vier Werte zu 1, − 3, 3, − 1 etwa − 9. In der Tat ist
richtig log 45 = 1·65321 (die letzten beiden Ziffern sind zu vertauschen).

Die Tafel mit dem richtiggestellten Wert ergibt ein befriedigendes Bild
des Differenzenspiegels:

40	1·60206		
		1072	
41	1·61278		− 25
		1047		0
42	1·62325		− 25
		1022		1
43	1·63347		− 24
		998		2
44	1·64345		− 22
		976		1
45	1·65321		− 21
		955		0
46	1·66276		− 21
		934		1
47	1·67210		− 20
		914		2
48	1·68124		− 18
		896		− 1
49	1·69020		− 19
		877		2
50	1·69897		− 17
		860		0
51	1·70757		− 17
		843		2
52	1·71600		− 15
		828	
53	1·72428		

63. Ausfüllung von Lücken. Fehlt in einer Tabelle mit gleichabständigen
Argumenten ein Funktionswert, so kann man diesen ergänzen, indem man eine
Differenz genügend hoher Ordnung, je nach dem Verhalten der Tafelfunktion,
gleich Null setzt und daraus den Funktionswert berechnet.

Sind schon die zweiten Differenzen Null oder klein, so ist der Hilfswert das
arithmetische Mittel der beiden Nachbarwerte.

Der Symmetrie wegen wird man gern Differenzen gerader Ordnung anwenden.

Aufgaben dieser Art kommen z. B. in der Astronomie vor, wenn eine Beobach-
tung wegen schlechten Wetters ausgefallen ist.

N₂

**64. Die NEWTONsche Interpolationsformel bei gleichabständigen Argu-
menten.** Es möge nun die NEWTONsche Interpolationsformel mit Restglied (11) für die gleichabständigen Argumente

$$x_1 = a, \quad x_2 = a + h, \quad x_3 = a + 2h, \quad \ldots, \quad x_n = a + \overline{n-1}\,h$$

aufgestellt werden. Vorerst ergibt sich für die Steigungen (2, 52):

$$f(x_1) = f(a), \quad f(x_1, x_2) = f(a, a + h) = \frac{\Delta f(a)}{h},$$

$$f(x_1, x_2, x_3) = f(a, a + h, a + 2h) = \frac{\Delta^2 f(a)}{2!\,h^2},$$

$$f(x_1, x_2, x_3, x_4) = f(a, a + h, a + 2h, a + 3h) = \frac{\Delta^3 f(a)}{3!\,h^3}, \ldots$$

Führt man diese Werte in die Interpolationsformel ein, so nimmt sie folgende Gestalt an:

$$f(x) = f(a) + (x-a)\frac{\Delta f(a)}{h} + (x-a)(x-a-h)\frac{\Delta^2 f(a)}{2!\,h^2} +$$

$$+ (x-a)(x-a-h)(x-a-2h)\frac{\Delta^3 f(a)}{3!\,h^3} + \cdots +$$

$$+ (x-a)(x-a-h)\ldots(x-a-\overline{n-2}h)\frac{\Delta^{n-1}f(a)}{n-1!\,h^{n-1}} + R_n;$$

hierin ist

$$R_n = (x-a)(x-a-h)\ldots(x-a-\overline{n-2}\,h)(x-a-\overline{n-1}\,h)\frac{f^{(n)}(\xi)}{n!},$$

wo ξ einen Wert in dem durch a, $a+\overline{n-1}h$ und x bestimmten Spielraum bedeutet (11).

Dieser Formel kann man nun eine noch übersichtlichere Gestalt geben. Man führe eine Größe $z = \dfrac{x-a}{h}$ ein, dann ist

$$x = a + z\,{}^h;$$

z ist also gleichsam die Zahl, die dem Argument x seinen Platz in der Reihe der gleichabständigen Argumente

$$a, a+h, a+2h, \ldots$$

zuweist (vgl. das Nummernargument, 54), wobei aber z im allgemeinen keine ganze Zahl ist. Es ist dann

$$\frac{(x-a)(x-a-h)}{2!\,h^2} = \frac{\dfrac{x-a}{h}\,\dfrac{x-a-h}{h}}{2!} = \frac{z(z-1)}{1\cdot2}$$

$$\frac{(x-a)(x-a-h)(x-a-2h)}{3!\,h^2} = \frac{\dfrac{x-a}{h}\,\dfrac{x-a-h}{h}\,\dfrac{x-a-2h}{h}}{3!} = \frac{z(z-1)(z-2)}{1\cdot2\cdot3}$$

$$\cdot\ \cdot\ \cdot\ \cdot\ \cdot\ \cdot\ \cdot\ \cdot\ \cdot\ \cdot\ \cdot\ \cdot\ \cdot\ \cdot\ \cdot\ \cdot\ \cdot$$

Diese Ausdrücke stimmen der Gestalt nach mit den Koeffizienten der Entwicklung der m-ten Potenz eines Binoms $p+q$ überein. In der Tat ist

$$(p+q)^m = p^m + \frac{m}{1}\,p^{m-1}q + \frac{m\,\overline{m-1}}{1\cdot2}\,p^{m-2}q^2 +$$

$$+ \frac{m\,\overline{m-1}\,\overline{m-2}}{1\cdot2\cdot3}\,p^{m-3}q^3 + \cdots + q^m.$$

Diese Koeffizienten werden daher die **Binomialkoeffizienten** genannt. Als Bezeichnung dient

$$\frac{m}{1} = \binom{m}{1}, \quad \frac{m\,\overline{m-1}}{1\cdot2} = \binom{m}{2}, \quad \frac{m\,\overline{m-1}\,\overline{m-2}}{1\cdot2\cdot3} = \binom{m}{3}, \quad \ldots.$$

Behält man diese Bezeichnung bei, so kann man für beliebige Werte von z

$$z = \binom{z}{1}, \quad \frac{z(z-1)}{1\cdot2} = \binom{z}{2}, \quad \frac{z(z-1)(z-2)}{1\cdot2\cdot3} = \binom{z}{3}, \quad \ldots$$

setzen. Man nennt diese Ausdrücke **verallgemeinerte Binomial-koeffizienten.**

Hiernach nimmt nun die NEWTONsche Interpolationsformel für gleichabständige Argumente folgende Gestalt an:

$$(*) \qquad f(a+zh) = f(a) + \binom{z}{1} \Delta f(a) + \binom{z}{2} \Delta^2 f(a) + \binom{z}{3} \Delta^3 f(a) + \cdots +$$
$$+ \binom{z}{n-1} \Delta^{n-1} f(a) + R_n .$$

Hierin ist $R_n = \binom{z}{n} h^n f^{(n)}(\xi)$, doch ist beim Restglied die Vereinfachung durch die Einführung von z nicht so groß.

Die Formel (*) war, schon vor NEWTON, J. GREGORY im Jahre 1670 bckannt und heißt deshalb zuweilen die GREGORY-NEWTONsche Inter-polationsformel.

So wie im allgemeinen Fall (17), so bricht auch hier die Inter-polationsformel ab, wenn $f(x)$ ein Polynom höchstens vom $\overline{n-1}$-ten Grade ist.

N3

65. Weiterführung der Argumentfolge. Die Interpolationsformel bricht aber auch, und zwar bei beliebiger Funktion $f(x)$, ab, wenn z eine ganze Zahl ist, die n nicht übersteigt. Denn unter dieser Annahme ist jeder Binomialkoeffizient Null, sobald die Unterzahl größer ist als die Oberzahl.

Da in diesem Falle das Argument $a + zh$ der Folge der Argumente $a, a+h, a+2h, \ldots$ angehört, so wird er kurz durch die Benennung **Weiterführung der Argumentfolge** gekennzeichnet.

Die ersten Formeln dieser Art lauten

$$z = 1 \qquad f(a+h) \ = f(a) + \ \Delta f(a)$$
$$z = 2 \qquad f(a+2h) = f(a) + 2\Delta f(a) + \ \Delta^2 f(a)$$
$$z = 3 \qquad f(a+3h) = f(a) + 3\Delta f(a) + 3\Delta^2 f(a) + \Delta^3 f(a)$$

$$\cdot \ \cdot \qquad \cdot \ \cdot \ \cdot \ \cdot \ \cdot \ \cdot \ \cdot \ \cdot \ \cdot \ \cdot \ \cdot \ \cdot \ \cdot \ \cdot \ \cdot$$

Allgemein erhält man

$$f(a+nh) = f(a) + \binom{n}{1} \Delta f(a) + \binom{n}{2} \Delta^2 f(a) + \cdots + \binom{n}{n} \Delta^n f(a) .$$

Diese Formeln folgen auch aus der Erklärung der Differenzen:

$$\Delta f(a) = f(a+h) - f(a), \quad \text{daraus} \quad f(a+h) = f(a) + \Delta f(a)$$
$$\Delta^2 f(a) = \Delta f(a+h) - \Delta f(a) = f(a+2h) - f(a+h) - \Delta f(a) =$$
$$= f(a+2h) - f(a) - 2\Delta f(a),$$

daraus $\qquad f(a+2h) = f(a) + 2\Delta f(a) + \Delta^2 f(a)$ usw.

66. Symbolische Darstellung. Nach den Bemerkungen in 56 kann man symbolisch

$$f(a+h) = (1+\Delta) f(a)$$

setzen. Der symbolische Faktor $1 + \Delta$ hat daher die Wirkung, das Argument der Funktion um h zu vermehren. Ebenso ergibt die Formel für $f(a + 2h)$

$$f(a + 2h) = (1 + 2\Delta + \Delta^2)\,f(a) = (1 + \Delta)^2 f(a);$$

hier ist also die Vermehrung des Arguments um h zweimal eingetreten, usw. Die allgemeine Formel lautet

$$f(a + nh) = \left[1 + \binom{n}{1}\Delta + \binom{n}{2}\Delta^2 + \cdots + \binom{n}{n}\Delta^n\right] f(a) = (1 + \Delta)^n f(a).$$

Setzt man noch $1 + \Delta = E$, so ist $\Delta = E - 1$ und

$$\Delta f(a) = (E - 1)\,f(a) = E\,f(a) - f(a) = f(a + h) - f(a)$$
$$\Delta^2 f(a) = (E - 1)^2 f(a) = (E^2 - 2E + 1)\,f(a) = E^2 f(a) - 2E\,f(a) + f(a)$$
$$= f(a + 2h) - 2f(a + h) + f(a)$$

usw., womit die Darstellung der Differenzen aus 52 wiedergewonnen ist.

67. Rechnung mit korrigierten Differenzen. Für die zahlenmäßige Rechnung ist eine Anordnung, ähnlich wie in **19**, bei der an Multiplikationen möglichst gespart wird, also so weit als möglich gemeinsame Faktoren herausgehoben sind, vorteilhaft:

$$f(a + zh) = f(a) + z\Delta f(a) + \frac{z\,\overline{z - 1}}{2}\Delta^2 f(a) + \frac{z\,\overline{z - 1}\,\overline{z - 2}}{2\cdot 3}\Delta^3 f(a) + \cdots =$$
$$= f(a) + z\left[\Delta f(a) - \frac{1 - z}{2}\left[\Delta^2 f(a) - \frac{2 - z}{3}\left[\Delta^3 f(a) - \cdots\right]\right]\right].$$

Die Gestalt $1 - z$, $2 - z$, ... ist gewählt, weil z so gut wie immer zwischen 0 und 1 liegt, daher $1 - z$, $2 - z$, ... positiv sind.

Für ein Polynom ersten Grades oder eine Funktion, bei der die zweiten Differenzen schon unmerklich sind, erhält man

$$f(a + zh) = f(a) + z\Delta f(a),$$

für ein Polynom zweiten Grades oder eine Funktion, bei der die dritten Differenzen unmerklich sind

$$f(a + zh) = f(a) + z\left[\Delta f(a) - \frac{1 - z}{2}\Delta^2 f(a)\right],$$

für ein Polynom dritten Grades oder eine Funktion, bei der die vierten Differenzen unmerklich sind,

$$f(a + zh) = f(a) + z\left[\Delta f(a) - \frac{1 - z}{2}\left[\Delta^2 f(a) - \frac{2 - z}{3}\Delta^3 f(a)\right]\right], \text{ usw.}$$

Die erste Formel geht in die zweite über, indem die erste Differenz $\Delta f(a)$ durch $\Delta f(a) - \frac{1 - z}{2}\Delta^2 f(a)$ ersetzt wird, die zweite Formel in die dritte, indem die zweite Differenz $\Delta^2 f(a)$ durch $\Delta^2 f(a) - \frac{2 - z}{3}\Delta^3 f(a)$ ersetzt wird, usw. Man sagt, jede Differenz werde durch die höheren Differenzen korrigiert und spricht daher von der **Rechnung mit korrigierten Differenzen**.

Man bemerke, daß die Formel

$$f(a + z h) = f(a) + z \Delta f(a)$$

mit der in 32 bis auf die Bezeichnung übereinstimmt. In der Tat kommt bei zwei Argumenten die Voraussetzung, daß die Argumentdifferenzen gleich sein sollen, nicht zur Geltung.

Als Beispiel soll $5 \cdot 4^3$ aus 5^3, 6^3, ... berechnet werden. Es ist $f(x) = x^3$, $a = 5$, $h = 1$, $z = 0 \cdot 4$. Der Differenzenspiegel lautet

$$
\begin{array}{c|cccc}
5 & 125 & & & \\
  &   & 91 & & \\
6 & 216 & & 36 & \\
  &   & 127 & & 6 \\
7 & 343 & & 42 & \\
  &   & 169 & & 6 \\
8 & 512 & & 48 & \\
  &   & 217 & & \\
9 & 729 & & & \\
\end{array}
$$

die Interpolationsformel ergibt

$$5 \cdot 4^3 = 125 + 0 \cdot 4 \left[91 - \frac{0 \cdot 6}{2} \left[\underbrace{36 - \frac{1 \cdot 6}{3} 6}_{32 \cdot 8} \right] \right]$$

$$\underbrace{\phantom{91 - \frac{0 \cdot 6}{2} [36]}}_{81 \cdot 16}$$

$$\overline{157 \cdot 464}$$

Es ist somit $5 \cdot 4^3 = 157 \cdot 464$.

N4

68. Umgekehrte Interpolation. Unter umgekehrter Interpolation versteht man die Aufgabe, aus einer Tafel der Funktion f und einem gegebenen Funktionswert $f(x)$, der nicht in der Tafel enthalten ist, das Argument x zu finden.

In dieser allgemeinen Form ist das eigentlich keine neue Aufgabe, da die Tafel gerade so gut als Darstellung der umgekehrten Funktion angesehen werden kann; bei dieser Auffassung liegt dann eine Interpolationsaufgabe wie sonst vor.

Wenn aber, wie zumeist, die Argumente x gleichabständig sind, so wird man trachten, die Vorteile der Differenzenrechnung auszunützen und dann ergibt sich eine neue Aufgabe. Ausgenommen ist hier nur der Fall, daß bereits die zweiten Differenzen Null oder unmerklich sind; dann ist auch die umgekehrte Interpolation eine lineare, und die Eigenschaft, daß die Argumente gleichabständig sind, kommt nicht zur Geltung (67).

Die Aufgabe der umgekehrten Interpolation besteht somit darin, z aus der Gleichung

$$(*) \quad f(a + z h) = f(a) + \binom{z}{1} \Delta f(a) + \binom{z}{2} \Delta^2 f(a) + \cdots = f(x)$$

zu bestimmen. Man wird es so einrichten, daß z zwischen 0 und 1 liegt. Je nachdem die höchsten Differenzen, die noch merklich sind, die ersten, zweiten, dritten, usw. sind, ist daher z aus einer Gleichung ersten, zweiten, dritten, usw. Grades zu berechnen. Der erste Fall bietet, wie schon bemerkt, keine neue Aufgabe dar; der Rechenvorgang ist von den Logarithmentafeln her sehr bekannt. Die Auflösung von Gleichungen höheren Grades, die in den weitern Fällen auftreten, ist ziemlich unbequem; es ist daher wünschenswert, ein günstigeres Verfahren zu finden.

69. Iterationsverfahren zur umgekehrten Interpolation. Man forme die Gleichung (*) in **68** folgendermaßen um:

$$(*)\qquad z = \frac{f(x) - f(a)}{\Delta f(a)} - \binom{z}{2}\frac{\Delta^2 f(a)}{\Delta f(a)} - \binom{z}{3}\frac{\Delta^3 f(a)}{\Delta f(a)} - \cdots$$

Da die Differenzen $\Delta^2 f(a)$, $\Delta^3 f(a)$, ... abnehmen, so wird die rechte Seite sich wenig ändern, wenn für z in $\binom{z}{2}$, $\binom{z}{3}$, ... ein ungenauer Wert verwendet wird. Es wird daher der Ausdruck auf der rechten Seite bei Einführung eines Näherungswerts z_1 für z einen besseren Näherungswert z_2 liefern. Setzt man nunmehr diesen Wert z_2 rechts ein, so bekommt man wieder einen besseren Näherungswert z_3, und so kann das Verfahren wiederholt werden (daher Iterationsverfahren). Das Verfahren kommt von selbst zum Ende, wenn zwei aufeinanderfolgende Näherungswerte sich nicht mehr merklich unterscheiden. In der Tat ist dann ihr gemeinsamer Wert eine Lösung z der Gleichung (*), die mit der Gleichung (*) in **68** gleichwertig ist.

Als Ausgangswert wird man in der Regel das Ergebnis der linearen Interpolation $z_1 = \dfrac{f(x) - f(a)}{\Delta f(a)}$ nehmen können.

Als Beispiel möge $\sqrt[100]{10} = 10^{0\cdot 01}$ aus einer achtstelligen Tafel der Logarithmen der Zinsfaktoren bestimmt werden. Man bemerkt sogleich, daß $0\cdot 01$ zwischen $\log 1\cdot 02 = 0\cdot 0086\ldots$ und $\log 1\cdot 03 = 0\cdot 0128\ldots$ liegt; man bilde daher folgenden Differenzenspiegel:

1·02	0·00860017			
		0·00423705		
1·03	1283722		− 0·00004093	
		419612		0·00000077
1·04	1703334		4016	
		415596		77
1·05	2118930		3939	
		411657		
1·06	2530587			

und setze $10^{0\cdot 01} = 1\cdot 02 + z\cdot 0\cdot 01$

$$0\cdot 01 = \log(1\cdot 02 + z\cdot 0\cdot 01) = 0\cdot 00860017 + z\cdot 0\cdot 00423705 +$$
$$+ \frac{z\,\overline{z - 1}}{2}\cdot -0\cdot 00004093 + \frac{z\,\overline{z - 1}\,\overline{z - 2}}{6}\cdot 0\cdot 00000077 + \cdots$$

$$0\cdot 00139983 =$$
$$= z\cdot 0\cdot 00423705 - \frac{z\,\overline{z - 1}}{2}\cdot 0\cdot 00004093 + \frac{z\,\overline{z - 1}\,\overline{z - 2}}{6}\cdot 0\cdot 00000077$$

$$z = 0\cdot 330378 + z\,\overline{z - 1}\cdot 0\cdot 004830 - z\,\overline{z - 1}\,\overline{z - 2}\cdot 0\cdot 000030\,.$$

Als ersten Näherungswert z_1 kann man $0\cdot330378$ oder zunächst abgerundet $0\cdot33$ nehmen. Dann ist

$$z_1\overline{z_1 - 1} = 0\cdot33 \cdot - 0\cdot67 = -0\cdot2211\,,$$

$$z_1\overline{z_1 - 1}\,\overline{z_1 - 2} = -0\cdot2211 \cdot -1\cdot67 = 0\cdot369237$$

$$z_2 = 0\cdot330378 - 0\cdot2211 \cdot 0\cdot004830 - 0\cdot369237 \cdot 0\cdot000030 =$$

$$= 0\cdot330378 - 0\cdot001068 - 0\cdot000011 = 0\cdot329299\,.$$

Der nächste Schritt ist

$$z_2\overline{z_2 - 1} = 0\cdot329299 \cdot - 0\cdot670701 = -0\cdot220861\,,$$

$$z_2\overline{z_2 - 1}\,\overline{z_2 - 2} = -0\cdot220861 \cdot -1\cdot670701 = 0\cdot368993\,,$$

$$z_3 = 0\cdot330378 - 0\cdot220861 \cdot 0\cdot004830 - 0\cdot368993 \cdot 0\cdot000030 =$$

$$= 0\cdot330378 - 0\cdot001067 - 0\cdot000011 = 0\cdot329300\,.$$

Wie man sieht, unterscheidet sich z_3 kaum mehr von z_2, die Rechnung kann also beendigt werden. Man findet $z = 0\cdot329299$ oder $0\cdot329300$, daher $10^{0\cdot01} = 1\cdot02329299$ oder $1\cdot02329300$. Der richtige Wert ist $1\cdot02329299$ (wie der neunstellige Wert $1\cdot023292992$ zeigt), doch wird diese Entscheidung hier durch die Abrundungsfehler unmöglich gemacht.

70. Tafeln für höhere Interpolation. Zur Erleichterung der höheren Interpolation bei gleichabständigen Argumenten hat man auch Tafeln angelegt. Sie enthalten die Werte der Binomialkoeffizienten für eine Auswahl von Werten von z zwischen 0 und 1. Hat man derartige Tafeln zur Verfügung, so entfällt die Umformung nach 67.

Auch bei der umgekehrten Interpolation (68) sind diese Tafeln anwendbar.

Es seien hier die Tafeln in H. G. Köhler, Logarithmisch-trigonometrisches Handbuch. Leipzig: Tauchnitz (Tafel X, S. 387), in H. L. Rice, The Theory and Practice of Interpolation, Lynn, Massachussets 1899, S. 218—219, in G. Vega-J. A. Hülsse, Sammlung mathematischer Tafeln, Leipzig: Weidmannsche Buchhandlung 1849, S. 837—838, in L. Potin, Formules et tables numériques. Paris, Doin und Gauthier-Villars 1925, S. 857—858, endlich in H. T. Davis, Tables of the higher mathematical functions, I. vol., Bloomington, Ind., principia press, 1933, S. 102—109, genannt. Köhler gibt für alle Hundertel von 0 bis 1 die Werte von $\binom{z}{2}$, $\binom{z}{3}$, $\binom{z}{4}$ und $\binom{z}{5}$ auf sechs Dezimalstellen, Rice ebenfalls für alle Hundertel von 0 bis 1 die Werte von $\binom{z}{2}$, $\binom{z}{3}$, $\binom{z}{4}$, $\binom{z}{5}$, nur auf fünf Dezimalstellen, und dazu die ersten Differenzen, Vega-Hülsse für alle Hundertel von 0 bis 1 die Werte von $\binom{z}{2}$, $\binom{z}{3}$, $\binom{z}{4}$, $\binom{z}{5}$, $\binom{z}{6}$ auf sieben Dezimalstellen, Potin für alle Hundertel von 0 bis 1 die Werte von $\binom{z}{2}$, $\binom{z}{3}$, $\binom{z}{4}$, $\binom{z}{5}$, $\binom{z}{6}$ auf fünf Dezimalstellen, Davis endlich für alle Hundertel von 0 bis 1 die Werte von $\binom{z}{2}$, $\binom{z}{3}$, $\binom{z}{4}$, $\binom{z}{5}$, $\binom{z}{6}$, $\binom{z}{7}$ auf zehn Dezimalstellen mit allen Differenzen.

§ 7. Wechsel der Spanne. Untertafelung.

71. Übergang von einer Spanne zu einer andern. Es kommt öfter vor, daß man eine Tafel einer Funktion mit einer Spanne (Argumentdifferenz, 51) zur Verfügung hat und eine Tafel mit einer andern Spanne für diese Funktion herzustellen wünscht. Diese Aufgabe wird nach Gabriel MOUTON (1670) die MOUTONsche Aufgabe genannt, sie kommt aber schon 1620 bei H. BRIGGS vor. Zu ihrer Lösung kann die Differenzenrechnung herangezogen werden.

Es soll vorausgesetzt werden, daß mehr als ein Argument in beiden Tafeln vorkommt. Das Verhältnis der beiden Spannen muß dann notwendig eine rationale Zahl sein. Hinreichend ist diese Bedingung freilich nicht, doch spielt diese Möglichkeit in der Praxis der Interpolation keine Rolle. Vielmehr wird in den allermeisten Fällen die neue Spanne ein Teiler der alten sein; es sind zwischen die schon vorhandenen Funktionswerte jeweils eine gleiche Anzahl neuer einzufügen. Dieser besondre Fall wird Untertafelung genannt.

Der umgekehrte Fall, daß die neue Spanne ein Vielfaches der alten ist, bietet keine Aufgabe dar, da man nur einen Teil der Argumente auszuscheiden hätte. Trotzdem soll er behandelt werden, weil dadurch die Lösung des vorher erwähnten vorbereitet wird.

72. Übergang zu einem Vielfachen der Spanne. Man denke sich die Funktion $f(x)$ beginnend mit dem Argument a einmal mit der Spanne H, das andremal mit der Spanne h vertafelt (tabuliert) und die Tafeln zu Differenzenspiegeln ausgestaltet. Das Differenzensymbol für die Spanne H sei Δ, das für die Spanne h sei δ. Zwischen H und h bestehe die Beziehung $H = mh$, wo m eine natürliche Zahl ist. Man erhält

$$
\begin{array}{ll}
a & f(a) \\
 & \qquad \Delta f(a) \\
a+mh & f(a+mh) \qquad \Delta^2 f(a) \\
 & \qquad \Delta f(a+mh) \qquad \Delta^3 f(a) \\
a+2mh & f(a+2mh) \qquad \Delta^2 f(a+mh) \qquad \vdots \\
 & \qquad \Delta f(a+2mh) \qquad \vdots \\
a+3mh & f(a+3mh) \qquad \vdots \\
\vdots & \qquad \vdots
\end{array}
\qquad
\begin{array}{ll}
a & f(a) \\
 & \qquad \delta f(a) \\
a+h & f(a+h) \qquad \delta^2 f(a) \\
 & \qquad \delta f(a+h) \qquad \delta^3 f(a) \\
a+2h & f(a+2h) \qquad \delta^2 f(a+h) \qquad \vdots \\
 & \qquad \delta f(a+2h) \qquad \vdots \\
a+3h & f(a+3h) \qquad \vdots \\
\vdots & \qquad \vdots
\end{array}
$$

Zur Vereinfachung mögen vorübergehend für die obersten Werte in jeder Differenzenspalte einfache Bezeichnungen eingeführt werden:

$$f(a) = P, \quad \Delta f(a) = Q, \quad \Delta^2 f(a) = \dot{R}, \quad \Delta^3 f(a) = S, \quad \Delta^4 f(a) = T, \ldots$$

$$f(a) = p, \quad \delta f(a) = q, \quad \delta^2 f(a) = r, \quad \delta^3 f(a) = s, \quad \delta^4 f(a) = t, \ldots,$$

so daß also $p = P$ ist. Dann ist nach **65**

$$f(a) = P$$

$$f(a + mh) = P + Q$$

$$f(a + 2mh) = P + 2Q + R$$

$$f(a + 3mh) = P + 3Q + 3R + S$$

$$\cdots \cdots \cdots \cdots \cdots \cdots$$

und wieder andrerseits

$$f(a) = p$$

$$f(a + mh) = p + \binom{m}{1} q + \binom{m}{2} r + \binom{m}{3} s + \cdots =$$

$$= p + mq + \frac{m^2 - m}{2} r + \frac{m^3 - 3m^2 + 2m}{6} s + \cdots$$

$$f(a + 2mh) = p + \binom{2m}{1} q + \binom{2m}{2} r + \binom{2m}{3} s + \cdots =$$

$$= p + 2mq + (2m^2 - m) r + \frac{4m^3 - 6m^2 + 2m}{3} s + \cdots$$

$$f(a + 3mh) = p + \binom{3m}{1} q + \binom{3m}{2} r + \binom{3m}{3} s + \cdots =$$

$$= p + 3mq + \frac{9m^2 - 3m}{2} r + \frac{9m^3 - 9m^2 + 2m}{2} s + \cdots$$

. . . .

Durch Gleichsetzen findet man

$$P = p$$

$$P + Q = p + mq + \frac{m^2 - m}{2} r + \frac{m^3 - 3m^2 + 2m}{6} s + \cdots$$

$$P + 2Q + R = p + 2mq + (2m^2 - m) r + \frac{4m^3 - 6m^2 + 2m}{3} s + \cdots$$

$$P + 3Q + 3R + S = p + 3mq + \frac{9m^2 - 3m}{2} r + \frac{9m^3 - 9m^2 + 2m}{2} s + \cdots$$

. . . .

und durch Differenzenbildung

$$Q = mq + \frac{m^2 - m}{2} r + \frac{m^3 - 3m^2 + 2m}{6} s + \cdots$$

$$Q + R = mq + \frac{3m^2 - m}{2} r + \frac{7m^3 - 9m^2 + 2m}{6} s + \cdots$$

$$Q + 2R + S = mq + \frac{5m^2 - m}{2} r + \frac{19m^3 - 15m^2 + 2m}{6} s + \cdots$$

. . . .

$$R = m^2 r + (m^3 - m^2) s + \cdots$$

$$R + S = m^2 r + (2m^3 - m^2) s + \cdots$$

. . . .

$$S = m^3 s + \cdots$$

usw.

Diese Formeln liefern bei bekanntem p, q, r, s, ... die Werte von P, Q, R, S, ... sie vermitteln also den Übergang zur m-fachen Spanne.

73. Formeln für die Untertafelung. Nimmt man an, daß die Differenzen von einer bestimmten Ordnung an Null (oder wenigstens unmerklich) werden, so lassen sich die Formeln in 72 umkehren, so daß man den Übergang zur $\frac{1}{m}$-fachen Spanne erhält. Hiermit gewinnt man die Formeln für die Untertafelung.

Sind z. B. die vierten Differenzen Null, so fallen alle durch Punkte angedeuteten Glieder weg und man findet

$$s = \frac{\cdot 1}{m^3} S$$

$$r = \frac{1}{m^2} R - \overline{m-1}\, s = \frac{1}{m^2} R - \frac{m-1}{m^3} S$$

$$q = \frac{1}{m} Q - \frac{m-1}{2} r - \frac{m^2 - 3m + 2}{6} s = \frac{1}{m} Q - \frac{m-1}{2m^2} R + \frac{2m^2 - 3m + 1}{6m^3} S$$

$$p = P.$$

Wären schon die dritten Differenzen Null, so sind s und S wegzulassen:

$$r = \frac{1}{m^2} R$$

$$q = \frac{1}{m} Q - \frac{m-1}{2} r = \frac{1}{m} Q - \frac{m-1}{2m^2} R$$

$$p = P,$$

wären schon die zweiten Differenzen Null, auch r und R:

$$q = \frac{1}{m} Q$$

$$p = P.$$

Man erkennt, daß die Koeffizienten der Formeln bei Q, R, S, ..., soweit sie wirklich vorkommen, unabhängig davon sind, welche Ordnung noch beibehalten wird.

Das allgemeine Bildungsgesetz ist leichter erkennbar, wenn man sich auf die Symbolik (54, 65) stützt. Hiernach ist

$$1 + \varDelta = (1 + \delta)^m$$

$$1 + \delta = (1 + \varDelta)^{\frac{1}{m}} = 1 + \binom{\frac{1}{m}}{1} \varDelta + \binom{\frac{1}{m}}{2} \varDelta^2 + \binom{\frac{1}{m}}{3} \varDelta^3 + \binom{\frac{1}{m}}{4} \varDelta^4 + \cdots$$

$$\delta = \binom{\frac{1}{m}}{1} \varDelta + \binom{\frac{1}{m}}{2} \varDelta^2 + \binom{\frac{1}{m}}{3} \varDelta^3 + \binom{\frac{1}{m}}{4} \varDelta^4 + \cdots =$$

$$= \frac{1}{m} \varDelta + \frac{\frac{1}{m}\left(\frac{1}{m}-1\right)}{2} \varDelta^2 + \frac{\frac{1}{m}\left(\frac{1}{m}-1\right)\left(\frac{1}{m}-2\right)}{2\cdot 3} \varDelta^3 +$$

$$+ \frac{\frac{1}{m}\left(\frac{1}{m}-1\right)\left(\frac{1}{m}-2\right)\left(\frac{1}{m}-3\right)}{2\cdot 3\cdot 4} \varDelta^4 + \cdots =$$

$$= \frac{1}{m} \varDelta - \frac{m-1}{2m^2} \varDelta^2 + \frac{2m^2 - 3m + 1}{6m^3} \varDelta^3 - \frac{6m^3 - 11m^2 + 6m - 1}{24m^4} \varDelta^4 + \cdots$$

ferner

$$\delta^2 = \left(\frac{1}{m}\varDelta - \frac{m-1}{2\,m^2}\varDelta^2 + \frac{2\,m^2 - 3\,m + 1}{6\,m^3}\varDelta^3 + \cdots\right)^2 =$$

$$= \left(\frac{1}{m}\right)^2\varDelta^2 - 2\frac{1}{m}\cdot\frac{m-1}{2\,m^2}\varDelta^3 + \left[\left(\frac{m-1}{2\,m^2}\right)^2 + 2\frac{1}{m}\frac{2\,m^2 - 3\,m + 1}{6\,m^3}\right]\varDelta^4 + \cdots =$$

$$= \frac{1}{m^2}\varDelta^2 - \frac{m-1}{m^3}\varDelta^3 + \frac{11\,m^2 - 18\,m + 7}{12\,m^4}\varDelta^4 + \cdots$$

$$\delta^3 = \left(\frac{1}{m}\varDelta - \frac{m-1}{2\,m^2}\varDelta^2 + \cdots\right)^3 = \left(\frac{1}{m}\right)^3\varDelta^3 - 3\left(\frac{1}{m}\right)^2\frac{m-1}{2\,m^2}\varDelta^4 + \cdots =$$

$$= \frac{1}{m^3}\varDelta^3 - \frac{3\,m-3}{2\,m^4}\varDelta^4 + \cdots$$

usw.

Hiernach ergeben sich die Ausdrücke von p, q, r, s, ... durch P, Q, R, S, ... auf einfachere Weise.

Im folgenden sollen für einige häufig vorkommende Werte von m die Formelgruppen zum Gebrauch zusammengestellt werden. Die Koeffizienten sind dabei als gemeine Brüche, zum Teil aber auch als Dezimalbrüche angegeben.

74. Formeln für die Zweiteilung. Für $m = 2$ hat man

$$\delta = \tfrac{1}{2}\varDelta - \tfrac{1}{8}\varDelta^2 + \tfrac{1}{16}\varDelta^3 - \tfrac{5}{128}\varDelta^4 + \tfrac{7}{256}\varDelta^5 - \cdots =$$
$$= 0{\cdot}5\varDelta - 0{\cdot}125\varDelta^2 + 0{\cdot}0625\varDelta^3 - 0{\cdot}0390625\varDelta^4 + 0{\cdot}02734375\varDelta^5 - \cdots$$

$$\delta^2 = \tfrac{1}{4}\varDelta^2 - \tfrac{1}{8}\varDelta^3 + \tfrac{5}{64}\varDelta^4 - \tfrac{7}{128}\varDelta^5 + \cdots =$$
$$= 0{\cdot}25\varDelta^2 - 0{\cdot}125\varDelta^3 + 0{\cdot}078125\varDelta^4 - 0{\cdot}0546875\varDelta^5 + \cdots$$

$$\delta^3 = \tfrac{1}{8}\varDelta^3 - \tfrac{3}{32}\varDelta^4 + \tfrac{9}{128}\varDelta^5 - \cdots =$$
$$= 0{\cdot}125\varDelta^3 - 0{\cdot}09375\varDelta^4 + 0{\cdot}0703125\varDelta^5 - \cdots$$

$$\delta^4 = \tfrac{1}{16}\varDelta^4 - \tfrac{1}{16}\varDelta^5 + \cdots =$$
$$= 0{\cdot}0625\varDelta^4 - 0{\cdot}0625\varDelta^5 + \cdots$$

$$\delta^5 = \tfrac{1}{32}\varDelta^5 - \cdots =$$
$$= 0{\cdot}03125\varDelta^5 - \cdots$$

Statt δ^2, δ^3, δ^4, ... durch Potenzieren zu finden, kann man hier von $1 + \varDelta = (1 + \delta)^2 = 1 + 2\delta + \delta^2$, $\varDelta = 2\delta + \delta^2$ ausgehen:

$$\delta^2 = \varDelta - 2\delta = \varDelta - 2\left(\tfrac{1}{2}\varDelta - \tfrac{1}{8}\varDelta^2 + \tfrac{1}{16}\varDelta^3 - \cdots\right) = \tfrac{1}{4}\varDelta^2 - \tfrac{1}{8}\varDelta^3 + \cdots .$$
$$\delta^3 = \varDelta\delta - 2\delta^2 = \varDelta\left(\tfrac{1}{2}\varDelta - \tfrac{1}{8}\varDelta^2 + \cdots\right) - 2\left(\tfrac{1}{4}\varDelta^2 - \tfrac{1}{8}\varDelta^3 + \cdots\right) =$$
$$= \tfrac{1}{2}\varDelta^2 - \tfrac{1}{8}\varDelta^3 + \cdots - \tfrac{1}{2}\varDelta^2 + \tfrac{1}{4}\varDelta^3 - \cdots = \tfrac{1}{8}\varDelta^3 - \cdots \text{ usw.}$$

Die Berechnungen werden im allgemeinen besser mit der Bruch- als mit der Dezimalgestalt der Koeffizienten durchgeführt. Dabei ist es vorteilhaft, alle Koeffizienten bei derselben Potenz von $\varDelta$ auf den gleichen Nenner zu bringen, so daß dann die Division ein für allemal ausgeführt werden kann. Die Formeln nehmen dann folgende Gestalt an:

$$\delta = \frac{\varDelta}{2} - \frac{\varDelta^2}{8} + \frac{\varDelta^3}{16} - 5\frac{\varDelta^4}{128} + 7\frac{\varDelta^5}{256} - \cdots$$

$$\delta^2 = \qquad 2\frac{\varDelta^2}{8} - 2\frac{\varDelta^3}{16} + 10\frac{\varDelta^4}{128} - 14\frac{\varDelta^5}{256} + \cdots$$

$$\delta^3 = \qquad\qquad 2\frac{\varDelta^3}{16} - 12\frac{\varDelta^4}{128} + 18\frac{\varDelta^5}{256} - \cdots$$

$$\delta^4 = \qquad\qquad\qquad 8\frac{\varDelta^4}{128} - 16\frac{\varDelta^5}{256} + \cdots$$

$$\delta^5 = \qquad\qquad\qquad\qquad 8\frac{\varDelta^5}{256} - \cdots$$

. . . .

75. Formeln für die Dreiteilung. Für $m = 3$ **hat man**

$$\delta = \tfrac{1}{3}\varDelta - \tfrac{1}{9}\varDelta^2 + \tfrac{5}{81}\varDelta^3 - \tfrac{10}{243}\varDelta^4 + \tfrac{22}{729}\varDelta^5 - \cdots$$

$$\delta^2 = \qquad \tfrac{1}{9}\varDelta^2 - \tfrac{2}{27}\varDelta^3 + \tfrac{13}{243}\varDelta^4 - \tfrac{10}{243}\varDelta^5 + \cdots$$

$$\delta^3 = \qquad\qquad \tfrac{1}{27}\varDelta^3 - \tfrac{1}{27}\varDelta^4 + \tfrac{8}{243}\varDelta^5 - \cdots$$

$$\delta^4 = \qquad\qquad\qquad \tfrac{1}{81}\varDelta^4 - \tfrac{4}{243}\varDelta^5 + \cdots$$

$$\delta^5 = \qquad\qquad\qquad\qquad \tfrac{1}{243}\varDelta^5 - \cdots$$

. . . .

Die Dezimalgestalt der Koeffizienten ist nicht angegeben, weil sie beim Rechnen durch die Abrundungen ungünstig ist. Um die Zahl der Divisionen (wie in 74) zu vermindern, kann man die Formeln folgendermaßen umwandeln:

$$\delta = \frac{\varDelta}{3} - \frac{\varDelta^2}{9} + 5\frac{\varDelta^3}{81} - 10\frac{\varDelta^4}{243} + 22\frac{\varDelta^5}{729} - \cdots$$

$$\delta^2 = \qquad \frac{\varDelta^2}{9} - 6\frac{\varDelta^3}{81} + 13\frac{\varDelta^4}{243} - 30\frac{\varDelta^5}{729} + \cdots$$

$$\delta^3 = \qquad\qquad 3\frac{\varDelta^3}{81} - 9\frac{\varDelta^4}{243} + 24\frac{\varDelta^5}{729} - \cdots$$

$$\delta^4 = \qquad\qquad\qquad 3\frac{\varDelta^4}{243} - 12\frac{\varDelta^5}{729} + \cdots$$

$$\delta^5 = \qquad\qquad\qquad\qquad 3\frac{\varDelta^5}{729} - \cdots$$

. . . .

76. Formeln für die Fünfteilung. Für $m = 5$ hat man

$$\delta = \tfrac{1}{5}\,\Delta - \tfrac{2}{25}\,\Delta^2 + \tfrac{6}{125}\,\Delta^3 - \tfrac{21}{625}\,\Delta^4 + \tfrac{399}{15625}\,\Delta^5 - \cdots =$$
$$= 0{\cdot}2\,\Delta - 0{\cdot}08\,\Delta^2 + 0{\cdot}048\,\Delta^3 - 0{\cdot}0336\,\Delta^4 + 0{\cdot}025536\,\Delta^5 - \cdots$$

$$\delta^2 = \tfrac{1}{25}\,\Delta^2 - \tfrac{4}{125}\,\Delta^3 + \tfrac{16}{625}\,\Delta^4 - \tfrac{66}{3125}\,\Delta^5 + \cdots =$$
$$= 0{\cdot}04\,\Delta^2 - 0{\cdot}032\,\Delta^3 + 0{\cdot}0256\,\Delta^4 - 0{\cdot}02112\,\Delta^5 + \cdots$$

$$\delta^3 = \tfrac{1}{125}\,\Delta^3 - \tfrac{6}{625}\,\Delta^4 + \tfrac{6}{625}\,\Delta^5 - \cdots =$$
$$= 0{\cdot}008\,\Delta^3 - 0{\cdot}0096\,\Delta^4 + 0{\cdot}0096\,\Delta^5 - \cdots$$

$$\delta^4 = \tfrac{1}{625}\,\Delta^4 - \tfrac{8}{3125}\,\Delta^5 + \cdots =$$
$$= 0{\cdot}0016\,\Delta^4 - 0{\cdot}00256\,\Delta^5 + \cdots$$

$$\delta^5 = \tfrac{1}{3125}\,\Delta^5 - \cdots =$$
$$= 0{\cdot}00032\,\Delta^5 - \cdots$$

. . . .

Um die Zahl der Divisionen zu vermindern (wie in **74**) kann man dafür setzen:

$$\delta = \frac{\Delta}{5} - 2\frac{\Delta^2}{25} + 6\frac{\Delta^3}{125} - 21\frac{\Delta^4}{625} + 399\frac{\Delta^5}{15625} - \cdots$$

$$\delta^2 = \frac{\Delta^2}{25} - 4\frac{\Delta^3}{125} + 16\frac{\Delta^4}{625} - 330\frac{\Delta^5}{15625} + \cdots$$

$$\delta^3 = \frac{\Delta^3}{125} - 6\frac{\Delta^4}{625} + 150\frac{\Delta^5}{15625} - \cdots$$

$$\delta^4 = \frac{\Delta^4}{625} - 40\frac{\Delta^5}{15625} + \cdots$$

$$\delta^5 = 5\frac{\Delta^5}{15625} - \cdots$$

. . . .

77. Formeln für die Zehnteilung. Für $m = 10$, einen Fall, der offenbar besonders häufig vorkommen wird, hat man:

$$\delta = \tfrac{1}{10}\,\Delta - \tfrac{9}{200}\,\Delta^2 + \tfrac{57}{2000}\,\Delta^3 - \tfrac{1658}{80000}\,\Delta^4 + \tfrac{64467}{4000000}\,\Delta^5 - \cdots =$$
$$= 0{\cdot}1\,\Delta - 0{\cdot}045\,\Delta^2 + 0{\cdot}0285\,\Delta^3 - 0{\cdot}0206625\,\Delta^4 + 0{\cdot}01611675\,\Delta^5 - \cdots$$

$$\delta^2 = \tfrac{1}{100}\,\Delta^2 - \tfrac{9}{1000}\,\Delta^3 + \tfrac{309}{40000}\,\Delta^4 - \tfrac{2679}{400000}\,\Delta^5 + \cdots =$$
$$= 0{\cdot}01\,\Delta^2 - 0{\cdot}009\,\Delta^3 + 0{\cdot}007725\,\Delta^4 - 0{\cdot}0066975\,\Delta^5 + \cdots$$

$$\delta^3 = \tfrac{1}{1000}\,\Delta^3 - \tfrac{27}{20000}\,\Delta^4 + \tfrac{117}{80000}\,\Delta^5 - \cdots =$$
$$= 0{\cdot}001\,\Delta^3 - 0{\cdot}00135\,\Delta^4 + 0{\cdot}0014625\,\Delta^5 - \cdots$$

$$\delta^4 = \tfrac{1}{10000}\,\Delta^4 - \tfrac{9}{50000}\,\Delta^5 + \cdots =$$
$$= 0{\cdot}0001\,\Delta^4 - 0{\cdot}00018\,\Delta^5 + \cdots$$

$$\delta^5 = \tfrac{1}{100000}\,\Delta^5 - \cdots =$$
$$= 0{\cdot}00001\,\Delta^5 - \cdots$$

. . . .

N₆

78. Beispiel. Es sei z. B. die fünfstellige Tafel der Tangenswerte von der Spanne $1°$ auf die Spanne $20'$ zu bringen. Ein Ausschnitt, sogleich zum Differenzenspiegel erweitert, möge das Verfahren zeigen:

$35°$	$0{\cdot}70021$		
		2633	
$36°$	$0{\cdot}72654$		68
		2701		5
$37°$	$0{\cdot}75355$		73
		2774		2
$38°$	$0{\cdot}78129$		75
		2849	
$39°$	$0{\cdot}80978$		

Die dritten Differenzen sind klein und haben keinen Einfluß mehr. Man wende die Formeln aus **75** an, zunächst auf das Stück $35° \leftrightarrow 36°$. Man rechnet am besten in Einheiten der fünften Stelle und in Neunteln davon:

$$\delta \tan 35° = \tfrac{1}{3} \Delta \tan 35° - \tfrac{1}{9} \Delta^2 \tan 35° =$$
$$= \tfrac{1}{3} \cdot 2633 - \tfrac{1}{9} \cdot 68 = 877\tfrac{6}{9} - 7\tfrac{5}{9} = 870\tfrac{1}{9},$$
$$\delta^2 \tan 35° = \tfrac{1}{9} \Delta^2 \tan 35° = \tfrac{1}{9} \cdot 68 = 7\tfrac{5}{9}.$$

Der neue Differenzenspiegel liefert die Zwischenwerte:

70021		
	$870\tfrac{1}{9}$	
$70891\tfrac{1}{9}$		$7\tfrac{5}{9}$
	$877\tfrac{6}{9}$	
$71768\tfrac{7}{9}$		$7\tfrac{5}{9}$
	$885\tfrac{2}{9}$	
72654		

Ein kleiner Vorteil besteht darin, zuerst $\delta \tan 35°20' = \delta \tan 35° + \delta^2 \tan 35° = \tfrac{1}{3} \Delta \tan 35°$ zu berechnen und einzutragen.

Ähnlich sind die folgenden Stücke zu behandeln:

$$\delta \tan 36° = \tfrac{1}{3} \Delta \tan 36° - \tfrac{1}{9} \Delta^2 \tan 36° =$$
$$= \tfrac{1}{3} \cdot 2701 - \tfrac{1}{9} \cdot 73 = 900\tfrac{3}{9} - 8\tfrac{1}{9} = 892\tfrac{2}{9}$$
$$\delta^2 \tan 36° = \tfrac{1}{9} \Delta^2 \tan 36° = \tfrac{1}{9} \cdot 73 = 8\tfrac{1}{9}$$

72654		
	$892\tfrac{2}{9}$	
$73546\tfrac{2}{9}$		$8\tfrac{1}{9}$
	$900\tfrac{3}{9}$	
$74446\tfrac{5}{9}$		$8\tfrac{1}{9}$
	$908\tfrac{4}{9}$	
75355,		

ferner

$$\delta \tan 37^\circ = \tfrac{1}{8}\,\Delta \tan 37^\circ - \tfrac{1}{9}\,\Delta^2 \tan 37^\circ =$$
$$= \tfrac{1}{8}\cdot 2774 - \tfrac{1}{9}\cdot 75 = 924\tfrac{6}{9} - 8\tfrac{3}{9} = 916\tfrac{3}{9}$$
$$\delta^2 \tan 37^\circ = \tfrac{1}{9}\,\Delta^2 \tan 37^\circ = \tfrac{1}{9}\cdot 75 = 8\tfrac{3}{9}$$

(man könnte hier auf Drittel übergehen, wird es aber der Einheitlichkeit wegen vielleicht besser vermeiden)

$$
\begin{array}{lll}
75355 & & \\
& 916\tfrac{3}{9} & \\
76271\tfrac{3}{9} & & 8\tfrac{3}{9} \\
& 924\tfrac{6}{9} & \\
77196 & & 8\tfrac{3}{9} \\
& 933 & \\
78129 & &
\end{array}
$$

So kann man fortfahren. Man stelle nun die eingeschalteten Werte, nachdem man sie abgerundet hat, wieder in eine Tabelle zusammen und prüfe sie noch durch Differenzen (62):

35° 0′	0·70021		
		870	
20′	0·70891		8
		878	
40′	0·71769		7
		885	
36° 0′	0·72654		7
		892	
20′	0·73546		8
		900	
40′	0·74447		9
		909	
37° 0′	0·75355		7
		916	
20′	0·76271		9
		925	
40′	0·77196		8
		933	
38° 0′	0·78129		

Das Ergebnis ist befriedigend. Vergleicht man mit einer ausführlicheren Tafel, so findet man, daß alle Werte bis zur fünften Stelle richtig sind, ausgenommen nur: tan 36° 20′ = 0·73547, tan 37° 20′ = 0·76272.

N7

Schrifttum.

In deutscher Sprache:

BIERMANN, O.: Vorlesungen über mathematische Näherungsmethoden. Braunschweig: Vieweg 1905.

BOOLE, G.: Die Grundlehren der endlichen Differenzen- und Summenrechnung. Deutsch von C. H. SCHNUSE. Braunschweig: Leibrock 1867, später: Leipzig: Simmel & Co.

BRUNS, H.: Grundlinien des wissenschaftlichen Rechnens. Leipzig: B. G. Teubner 1903.

COTES, R., siehe bei NEWTON.

ENCKE, J. F.: Gesammelte mathematische und astronomische Abhandlungen. Band I. Berlin: F. Dümmler 1888.

Encyklopädie der mathematischen Wissenschaften. Band I. Leipzig und Berlin: B. G. Teubner 1899—1904. Aufsätze I B 1 a E. NETTO, I D 3 J. BAUSCHINGER, I E D. SELIWANOFF. Band II, 1. 1899—1916. Aufsatz II A 2 A. VOSS. Band II, 3 1909—1927. Aufsatz II C 2 C. RUNGE u. FR. A. WILLERS.

GAUSS, K. FR., siehe bei NEWTON.

JACOBI, K. G. J., siehe bei NEWTON.

KOWALEWSKI, G.: Interpolation und angenäherte Quadratur. Leipzig und Berlin: B. G. Teubner 1932.

LINDOW, M.: Numerische Infinitesimalrechnung. Berlin und Bonn: F. Dümmler 1928.

MARKOFF, A. A.: Differenzenrechnung. Deutsch von TH. FRIESENDORFF und E. PRÜMM. Leipzig: B. G. Teubner 1896.

MAUDERLI, S.: Die Interpolation und ihre Verwendung bei der Benutzung und Herstellung mathematischer Tabellen. Solothurn: Zepfelsche Buchdruckerei 1906.

NEWTON, I.: NEWTON, COTES, GAUSS, JACOBI: Vier grundlegende Abhandlungen über Interpolation und genäherte Quadratur. Herausgegeben von A. KOWALEWSKI. Leipzig: Veit & Co., jetzt W. de Gruyter, 1917.

NÖRLUND, N. E.: Vorlesungen über Differenzenrechnung (Die Grundlehren der mathematischen Wissenschaften 13). Berlin: Springer 1924.

PASCAL, E., siehe Repertorium.

Repertorium der höheren Mathematik (1. Auflage von E. PASCAL), 2. Auflage. Leipzig und Berlin: B. G. Teubner 1910—1929. Aufsätze IX H. E. TIMERDING, XXIII A. WALTHER.

RUNGE, K., u. H. KÖNIG: Vorlesungen über numerisches Rechnen (Die Grundlehren der mathematischen Wissenschaften 11). Berlin: Springer 1924.

v. SANDEN, H.: Praktische Analysis (Handbuch der angewandten Mathematik I). Leipzig und Berlin: B. G. Teubner 1914, 2. Auflage 1923.

SELIWANOFF, D.: Lehrbuch der Differenzenrechnung (Teubners Sammlung von Lehrbüchern 13). Leipzig: B. G. Teubner 1904.

THIELE, T. N.: Interpolationsrechnung. Leipzig: B. G. Teubner (in Kommission) 1909.

WILLERS, FR. A.: Methoden der praktischen Analysis (Göschens Lehrbücherei I, 12). Berlin und Leipzig: W. de Gruyter 1928.

WILLERS, FR. A.: Numerische Integration (Sammlung Göschen 864). Berlin und Leipzig: W. de Gruyter 1923.

In italienischer Sprache:

CASSINIS, G.: Calcoli numerici, grafici e meccanici. Pisa: Mariotti-Pacini 1928.

In französischer Sprache:

Encyclopédie des sciences mathématiques. Leipzig und Paris: B. G. Teubner und Gauthier-Villars, 1904—1914 (unvollendet) tome I. art. I 9 E. NETTO u. R. LE VAVASSEUR, I 21 D. SELIVANOV, J. BAUSCHINGER u. H. ANDOYER.

RADAU, R.: Étude sur les formules d'interpolation. Paris: Gauthier-Villars 1891.

In englischer Sprache:

BOOLE, G.: A treatise on the calculus of finite differences, mehrere Auflagen. London: Macmillan 1860 und später. (Deutsche Übersetzung siehe vorhin.)

MILNE-THOMSON, L. M.: The calculus of finite differences. London: Macmillan 1933.

RICE, H. L.: The theory and practice of interpolation. Lynn, Mass., the nichols press 1899.

SCARBOROUGH, J. B.: Numerical mathematical analysis. Baltimore: John Hopkins press 1930.

STEFFENSEN, J. F.: Interpolation. Baltimore: William and Wilkins comp. 1927.

WHITTAKER, E. T., u. G. ROBINSON, The calculus of observations. London: Blackie 1924.

WHITTAKER, E. T., u. G. ROBINSON: A short course of interpolation. Sonderabdruck aus dem vorigen Werk.

Sach- und Namenweiser.

Die Zahlen bedeuten die Nummern, die überall außen oben verzeichnet sind, nicht die Seiten. Innerhalb der Stichwörter ist nicht alphabetisch, sondern systematisch geordnet. Wo sich ein Zweifel über das richtige Stichwort ergeben kann, sind die Nachweise in vielen Fällen unter mehreren Stichworten gegeben, um das Nachsuchen zu erleichtern. Bei den Namen ist zwischen Urheberschaft und bloßer Übermittlung kein Unterschied gemacht. Auf Vorwort, Inhaltsverzeichnis und Schrifttum ist nicht verwiesen.

Abschätzung der Steigungen 10

äquidistante Argumente 51

AMPÈRE, A. M.: Interpolierende Funktionen 2

Ansatzverfahren für die Interpolation 28

Argumentfolge, Weiterführung 65

arithmetische Reihen höherer Ordnung 59

Aufstellung von Tabellen für Polynome 60, Verwendung der Rechenmaschine 61

Ausfüllung von Lücken 63

BEHMANN, H.: Graphisches Verfahren zur Interpolation 30

Bestimmung eines Extrems aus drei Beobachtungen 37

Binomialkoeffizienten, ursprüngliche und verallgemeinerte 64

biquadratische Interpolation 31

BRIGGS, H.: MOUTONsche Aufgabe = Wechsel der Spanne 71

COTES, R.: Quadraturformeln 49

DAVIS, H. T.: Tafeln für höhere Interpolation 70

Delta (Δ) Symbol 54

Determinanten bei den Steigungen 8, bei der Interpolationsaufgabe 29

Differenzen: dividierte D. 2

Differenzen erster und höherer Ordnung 52, höhere D. eines Polynoms 58

Differenzenformeln 57

Differenzenquotient 2

Differenzenreihe 52

Differenzenspiegel 58, Unsymmetrie 55

dividierte Differenzen 2

Divisionsverfahren von HORNER 24

Doppelstreifen bei der SIMPSONschen Formel 48

Dreiteilung der Spanne 75, Beispiel 78

E Symbol 66

Einschaltung = Interpolation

Ersatzpolynom 9, 31

Encke, J. F.: Zentraldifferenzen 55
Eulersche Ausdrücke 2
Extrapolation 31
Extrem: Bestimmung aus drei Beobachtungen 37

Fehler der parabolischen Quadratur 40
Fehler in Tafeln: Aufsuchung 62
Fouriersche Entwicklungen als Interpolation 1, 31
Fünfteilung der Spanne 76
Funktionen: interpolierende F. 2

Gauss, K. Fr.: Quadraturformel 50
Genauigkeit der Interpolation fünfstelliger Logarithmen 33, der Interpolation aus einzelnen Werten 36
gleichabständige Argumente 51
Gregory, J.: Interpolationsformel 64
graphische Durchführung der Interpolation nach Behmann 30

höhere Interpolation 35, 64, 67, Tafeln dazu 70
höhere Parabeln 31
Horner, W. G.: Divisionsverfahren 24
Hülsse, J. A.: s. Vega.

Independent = unabhängig, s. Steigung
Interpolation: Aufgabe der I. 1
Interpolation von Polynomen nach der Formel 17, nach dem Steigungsspiegel 18, Zusammenhang 20, zahlenmäßige Rechnung 19, Umordnung der Argumente 21, neues Verfahren 25, durch Ansatz 28, mit Determinanten 29
Interpolation als Näherungsverfahren 1, 31, lineare 32, Hilfsmittel dazu 33, höhere I. 35
Interpolationsaufgabe 17
Interpolationsformel von Newton 9, mit Restglied 11, für Polynome 17, bei gleichabständigen Argumenten 64, s. a. Interpolation
Interpolationsformel von Lagrange 27
Interpolationsrechnung = Interpolation
interpolierende Funktionen 2
Iterationsverfahren zur umgekehrten Interpolation 69

Köhler, H. G.: Tafeln für höhere Interpolation 70
korrigierte Differenzen 66

König, H., s. Runge
kubische Interpolation 31

Lagrange, J. L.: Begründer der Interpolation 1, Interpolationsformel 27
lineare Interpolation 31, 32
Lücken: Ausfüllung 63

Mittelwertsatz 10
Mouton, G.: Aufgabe 71, 72, 73, besondere Fälle 74—77, Beispiel 78

Newton, I.: Begründer der Interpolation 1, Differenzenquotienten 2, Interpolationsformel 9, mit Restglied 11, Zusammenhang mit der Taylorschen Entwicklung 15, Interpolationsformel für Polynome 17, für gleichabständige Argumente 64
Nörlund, N. E.: Name Steigung 2
Nummernargument 54, beim Interpolieren 64

Parabeln höherer Ordnung 31
parabolische Interpolation 1, 31, p. Quadratur 39, der Ordnung Null 43, Eins 44, 45, Zwei 46, Drei 47, 48
Polynome, Interpolation 16, Koeffizienten als Steigungen 23, höhere Differenzen 58, Aufstellung von Tabellen 60, mit Verwendung der Rechenmaschine 61
Potin, L.: Tafeln für höhere Interpolation 70
Proportionaltäfelchen 32

quadratische Interpolation 31
Quadratur: angenäherte Qu. 38, parabolische 39, Fehler 40, Unterteilung des Spielraums 41, Formeln 42, Rechtecksformeln 43, Sehnentrapezformel 44, Tangententrapezformel 45, Simpsonsche Formel 47, 48, Cotesische Formeln 49, Verfahren von Gauss 50

Rechenmaschine bei Tabellen von Polynomen 61
Rechenschieber beim Interpolieren 32
Rechnung mit korrigierten Differenzen 67
Rechtecksformeln 43
Reihen: arithmetische R. höhere Ordnung 59
rekurrent = rücklaufend, s. Steigung

Restglied der Interpolationsformel 11
RICE, H. L.: Tafeln für höhere Interpolation 70
ROLLE, M.: Satz 10
rücklaufend = rekurrent, s. Steigung
Rückrechnung von rechts nach links 18, 60
RUNGE, K., u. H. KÖNIG: GAUSSisches Quadraturverfahren 50

SCHRUTKA, L.: Satz von ROLLE 10, über Interpolationstäfelchen 82
Sehnenformel, Sehnentrapezformel 44
SIMPSON, TH.: Quadraturformel 47, 48
Spanne = Argumentdifferenz 51, Wechsel 71, 72, 73, besondere Fälle 74—77, Beispiel 78
Steigung 2, Beispiele 3, rücklaufende (rekurrente) Darstellung 4, unabhängige (independente) Darstellung 6, Eigenschaften 5, Symmetrie 7, Darstellung mit Determinanten 8, Abschätzung 10, mit gleichen Argumenten 12, Berechnung solcher 13, 14, eines Polynoms 16, mit gleichen Argumenten 22, bei gleichabständigen Argumenten 51, Koeffizienten eines Polynoms als Steigungen 23.
Steigungsschema, Steigungsspiegel, Steigungstafel 4, Anwendung zum Interpolieren 18
Streifen bei der angenäherten Quadratur 41
Symbol Δ 54, E 66, Symbolik 56, 66

Tafeldifferenz 32
Tafeln der Proportionalteile 32
Tafeln für höhere Interpolation 70
Tafeln: Aufsuchung von Fehlern 62
Tangentenformel 45
Tangententrapezformel 45
TAYLOR, BR.: Begründer der Differenzenrechnung 1, Entwicklung nach T., Zusammenhang mit der NEWTONschen Interpolationsformel 15
Trapezformel 44

umgekehrte Interpolation 68, Iterationsverfahren dazu 69, Tafeln dazu 70
unabhängig = independent, s. Steigung
Untertafelung 71, Formeln dazu 73, besondere Fälle 74—77, Beispiel 78

VEGA, G., u. J. A. HÜLSSE: Tafeln für höhere Interpolation 70
verallgemeinerte Binomialkoeffizienten 64
VIETA, F.: Satz 26

WALLIS, J.: Name Interpolation 1
WARING, E.: Interpolationsformel von LAGRANGE 27
Wechsel der Spanne 71, 72, 73, besondere Fälle 74—77, Beispiel 78
Weiterführung der Argumentfolge 65
zahlenmäßige Rechnung beim Interpolieren 19
Zehnteilung der Spanne 77
Zentraldifferenzen 55
Zweiteilung der Spanne 74.

Nachträge.

N₁ (33, S. 31).   Die Genauigkeit des Rechenschiebers reicht aus, wenn die Differenzen nicht größer als 2000, noch besser nicht größer als 1000 sind.

N₂ (nach 63, S. 62).   63′. Differenzenspiegel mit abgekürzten Dezimalzahlen. Die Aussage, daß bei Polynomen eine gewisse Differenz Null (58), bei Funktionen, die sich durch Polynome annähern lassen, klein ist, wird durch die Abkürzung der Dezimalzahlen einigermaßen verdunkelt. Bei der Abkürzung wird zum Teil ab-, zum Teil aufgerundet, dadurch werden die Differenzen verfälscht. Der ungünstigste Fall ist offenbar der, daß abwechselnd ab- und aufgerundet wird. Als Beispiel diene etwa die Tafel der Funktion $0{\cdot}05 + 0{\cdot}1\,x$, auf Zehntel abgekürzt, mit der oft angewendeten Vorschrift, daß die letzte beibehaltene Ziffer gerade sein soll (vgl. etwa des Verfassers Zahlenrechnen, Leipzig und Berlin, 1923, 32). Man erhält folgenden Differenzenspiegel:

	genau		abgekürzt		
0	0·05		0·0		
				0·2	
1	0·15		0·2		−0·2
				0·0		0·4
2	0·25		0·2		0·2
				0·2		−0·4
3	0·35		0·4		−0·2
				0·0	
4	0·45		0·4		

Die ersten, zweiten, dritten, ... Differenzen können also bis zu 1, 2, 4, ... Einheiten der letzten Stelle unrichtig werden. Für gewöhnlich werden Ab- und Aufrundungen regellos vermischt sein, die höheren Differenzen werden daher kleinere Werte mit regellos verteilten Vorzeichen aufweisen. Ein Beispiel gibt der letzte Differenzenspiegel in **62.**

N₃ (64, S. 64). Nach der Bemerkung in **63′** sind die höheren Differenzen in der Regel nicht genau Null. Die zweite Differenz ist ohne Bedeutung, wenn ihre Werte nicht über vier Einheiten der letzten Stelle hinausgehen, weil der absolute Wert von $\binom{z}{2} = \dfrac{z\,(z-1)}{2}$ höchstens

$-\dfrac{1}{8}$ ist $\left(\text{an der Stelle } z = \dfrac{1}{2}\right)$ (34), so daß der Fehler nicht stärker wirkt als die Abkürzung der Dezimalzahlen. Ähnlich ist die dritte Differenz ohne Bedeutung, wenn ihre Werte nicht über 8 Einheiten hinausgehen, weil der absolute Wert von $\binom{z}{3}$ höchstens $\dfrac{1}{9\sqrt{3}} \doteq \dfrac{1}{16}$ ist.

N$_4$ (nach 67, S. 66). 67′. Näherungen für die Differenzen. Die Formel $f(a,\ a+h) \doteq \dfrac{\Delta f(a)}{h}$ aus **64** und die Formel $f(x_1,\ x_1) = f'(x_1)$ aus **13** zeigen, daß für eine kleine Spanne h die Näherung $\Delta f(a) = h f'(a)$ gilt. Ähnlich findet man $\Delta^2 f(a) = h^2 f''(a)$, allgemein $\Delta^n f(a) = h^n f^{(n)}(a)$. Diese Formeln sind für eine grobe Abschätzung der bei einer Tafel zu erwartenden Differenzen sehr bequem.

So würden für den Differenzenspiegel am Ende von **62** die Näherungswerte für die ersten Differenzen sein:

$$\frac{0{\cdot}4343}{40} = 0{\cdot}01086, \qquad \frac{0{\cdot}4343}{41} \doteq 0{\cdot}01060, \qquad \frac{0{\cdot}4343}{42} = 0{\cdot}01034, \text{ usw.,}$$

für die zweiten Differenzen:

$$\frac{0{\cdot}4343}{40^2} = 0{\cdot}00027, \qquad \frac{0{\cdot}4343}{41^2} = 0{\cdot}00026, \text{ usw.}$$

Die Annäherung wird verbessert. wenn man statt a den Mittelwert der Argumente nimmt: $\dfrac{0{\cdot}4343}{40\frac{1}{2}} = 0{\cdot}01072$, usw.

N$_5$ (70, S. 68). Nachzutragen ist hier: J. BAUSCHINGER, Tafeln zur theoretischen Astronomie. 2. Aufl. von G. STRACKE, Leipzig: Engelmann, 1934. BAUSCHINGER gibt für alle Hundertel von 0 bis 1 die Werte von $\binom{z}{2}$ auf fünf, von $\binom{z}{3}$ und $\binom{z}{4}$ auf vier Dezimalstellen.

N$_6$ (nach 77, S. 74). 77′. Bemerkungen zur Durchführung der Untertafelung. Die Berechnung der Differenzen für die Spanne h darf nicht zu ungenau ausgeführt werden. Man bedenke, daß ein Abrundungsfehler der letzten Differenz bei der vorletzten durch das Aufsummieren Fehler der 1-, 2-, 3-, ..fachen Größe, bei der zweitvorletzten Differenz Fehler der 1-, 3-, 6-, ..fachen Größe usw. erzeugt. Je größer daher m ist, d. h. je mehr Werte einzuschalten sind, und je höhere Differenzen zu berücksichtigen sind, um so mehr muß man Sicherheit gegen Abrundungsfehler schaffen, und daher eine oder auch mehrere Stellen über die letzte Stelle der ursprünglichen Tafel hinaus (Überstellen) berechnen. Solange die auftretenden Nenner nicht zu groß sind, kann man auch sehr vorteilhaft mit gemeinen Brüchen (in Einheiten der letzten Stelle der Tafel) rechnen, weil dadurch alle Abrundungsfehler vermieden werden. Im andern Fall muß man stets auf kleine Unstimmigkeiten beim Anschluß an den nächsten Wert aus der ursprünglichen Tafel gefaßt sein.

Am Ende der Tafel fehlen die höheren Differenzen für die Untertafelung, sobald die zur Bildung notwendigen Funktionswerte nicht
mehr vorhanden sind. Man hilft sich leicht aus dieser Schwierigkeit,
indem man die Tafel im umgekehrten Sinn anordnet, wobei die Differenzen ungerader Ordnung ihre Vorzeichen wechseln. Offenbar ist
es nicht notwendig, die Tafel hiezu neu anzuschreiben.

N_7 (78, S. 76). Zum Vergleich seien noch für das erste Stück $35^0 \leftrightarrow 36^0$
die Differenzenspiegel mit Abrundung auf die letzte Stelle der ursprünglichen Tafel:

$$
\begin{array}{ccc}
70021 & & \\
& 870 & \\
70891 & & 8 \\
& 878 & \\
71769 & & 8 \\
& 886 & \\
72655 & &
\end{array}
$$

und mit einer Überstelle:

$$
\begin{array}{ccc}
70021 & & \\
& 870_1 & \\
70891_1 & & 7_6 \\
& 877_7 & \\
71768_8 & & 7_6 \\
& 885_3 & \\
72654_1 & &
\end{array}
$$

angeführt. Beidemal ergeben sich kleine Unebenheiten beim Anschluß an
den nächsten Wert.

N_8 (Schrifttum, S. 78). Nachzutragen: JORDAN, Ch.: Calculus of finite
differences, Budapest, Eggenberger 1939.

Zum Sach- und Namenweiser.

BAUSCHINGER, J.: Tafeln für höhere
    Interpolation 70.
(Differenzen): Einwirkung der Abkür-
    zung der Dezimalzahlen N_2 (63′)
    Näherungswerte N_4 (67′)
(MOUTON): Durchführung N_6 (77′)

Näherungswerte für die Differenzen
    N_4 (67′)
(Spanne): Durchführung N_6 (77′)
Überstellen N_6 (77′)
(Wechsel der Spanne): Durchführung
    N_6 (77′)